Michael Hilgers

Gesamtfahrzeug

Michael Hilgers
Weinstadt, Deutschland

Nutzfahrzeugtechnik lernen
ISBN 978-3-658-12744-2
DOI 10.1007/978-3-658-12745-9

Die Deutsche Nationalbibliothek verzeichnet diese Publikation in der Deutschen Nationalbibliografie; detaillierte bibliografische Daten sind im Internet über http://dnb.d-nb.de abrufbar.

Springer Vieweg

Gedruckt auf säurefreiem und chlorfrei gebleichtem Papier.

Springer Vieweg ist Teil von Springer Nature
Die eingetragene Gesellschaft ist Springer Fachmedien Wiesbaden

Inhaltsverzeichnis

Vorwort

Für meine Kinder Paul, David und Julia,
die ebenso wie ich viel Freude an Lastwagen haben
und für meine Frau Simone Hilgers-Bach,
die viel Verständnis für uns hat.

Seit vielen Jahren arbeite ich in der Nutzfahrzeugbranche. Immer wieder höre ich sinngemäß: „Sie entwickeln Lastwagen? – Das ist ja ein Jungentraum!"

In der Tat, das ist es!

Aus dieser Begeisterung heraus, habe ich versucht, mir ein möglichst vollständiges Bild der Lkw-Technik zu machen. Dabei habe ich festgestellt, dass man Sachverhalte erst dann wirklich durchdrungen hat, wenn man sie schlüssig erklären kann. Oder um es griffig zu formulieren: „Um wirklich zu lernen, muss man lehren". Daher habe ich im Laufe der Zeit begonnen, möglichst viele technische Aspekte der Nutzfahrzeugtechnik mit eigenen Worten niederzuschreiben. Das Ganze brauchte dann recht schnell eine sinnvolle Gliederung und so hat sich das Grundgerüst dieser Serie von Heften zur Nutzfahrzeugtechnik fast von selber zusammengestellt.

Das vorliegende Heft der Serie „Nutzfahrzeugtechnik lernen" gibt eine Einführung in die Thematik, um dann das Nutzfahrzeug aus Sicht des Nutzers, des Kunden zu erläutern, der mit dem Fahrzeug sein Geld verdient. Anschließend werden grundsätzliche Gesamtfahrzeugeigenschaften erläutert. Weitere Hefte dieser Reihe behandeln dann einzelne technische Systeme oder Eigenschaften des Fahrzeuges.

An dieser Stelle bedanke ich mich bei meinen Vorgesetzten und zahlreichen Kollegen in der Lkw-Sparte der Daimler AG, die mich bei der Realisierung dieser Serie unterstützt haben. Für wertvolle Hinweise bedanke ich mich besonders bei Herrn Dr. Lars Türk, der den Text zur Korrektur gelesen hat. Beim Springer Verlag bedanke ich mich für die freundliche Zusammenarbeit, die zu dem vorliegenden Ergebnis geführt hat. Ganz besonders bedanken möchte ich mich bei meiner Frau Simone Hilgers-Bach, die mein Projekt unterstützt

© Springer Fachmedien Wiesbaden 2016

M. Hilgers, *Gesamtfahrzeug*, Nutzfahrzeugtechnik lernen, DOI 10.1007/978-3-658-12745-9_1

hat und die viel Verständnis gezeigt hat, für die Zeit, die ich mit Buchstaben und Bildern zu diesem Text verbracht habe.

Zu guter Letzt noch eine Bitte in eigener Sache. Es ist mein Wunsch, diesen Text kontinuierlich weiterzuentwickeln. Dazu ist mir Ihre Hilfe, liebe Leser, hochwillkommen. Fachliche Anmerkungen und Verbesserungsvorschläge bitte ich an folgende E-Mail-Adresse zu senden: hilgers.michael@web.de. Je konkreter Ihre Bemerkungen sind, umso leichter werde ich sie nachvollziehen und gegebenenfalls in zukünftige Auflagen integrieren können. Sollten Sie inhaltliche Ungereimtheiten entdecken oder Lob aussprechen wollen, so bitte ich Sie, mir dies auf dem gleichen Wege mitzuteilen.

Und jetzt viel Spaß bei diesem Heft, dem „Gesamtfahrzeug", wünscht Ihnen

August 2015
Weinstadt-Beutelsbach
Stuttgart-Untertürkheim
Aachen
Michael Hilgers

Einführung

2

Für jeden Einwohner Deutschlands transportieren Nutzfahrzeuge pro Tag circa 100 kg Waren [7]. Darunter sind Endprodukte, die der Nutzer bewusst wahrnimmt, wie das morgendliche Frühstücksbrötchen, aber auch Zwischenprodukte zur Herstellung dieser Endprodukte wie das Mehl, das Tage zuvor zum Bäcker geliefert wurde. Müllfahrzeuge holen

Abb. 2.1 In der Tat: Ohne Lkw geht es nicht

© Springer Fachmedien Wiesbaden 2016

M. Hilgers, *Gesamtfahrzeug*, Nutzfahrzeugtechnik lernen, DOI 10.1007/978-3-658-12745-9_2

anschließend regelmäßig Restmüll, Altpapier und Biomüll ab. Die große Verfügbarkeit von Waren stützt sich auf den straßenbasierten Gütertransport mit Lastwagen und Transportern (Abb. 2.1). Nutzfahrzeuge tragen in hohem Maße zu unserem hohen Lebensstandard bei.

Die Eisenbahn und das Binnenschiff transportieren ebenfalls unsere Güter, aber nur das straßengeführte Nutzfahrzeug verfügt über ein hinreichend enges Netz, um unsere Versorgung zu gewährleisten. Oder kennen Sie einen Supermarkt mit Gleisanschluss? Auch ermöglicht der Warentransport im Nutzfahrzeug viel höhere durchschnittliche Geschwindigkeiten. Die Eisenbahn erreicht technisch die gleiche oder höhere Geschwindigkeiten wie der Lastwagen. In der Gesamtbetrachtung, vom Versandort bis zum Empfänger, ergeben sich aber für die Eisenbahn in fast allen Ländern ernüchternd niedrige Durchschnittsgeschwindigkeiten. Auf langen Strecken hingegen und bei nichtverderblicher, nicht terminkritischer und volumninöser Ladung sowie bei sehr schweren Gütern können der Schienenverkehr und die Binnenschifffahrt ihre Vorteile geltend machen. Der interkontinentale Warenaustausch unserer globalisierten Wirtschaft wird im Wesentlichen von großen Ozeanschiffen geleistet.

2.1 Historie

Der Lastkraftwagen ist fast so alt wie das Automobil. Es lag nahe, die Vorteile des Automobils auch für den Warenverkehr zu nutzen. So wurde der erste Lastkraftwagen 1896 von der Daimler-Motoren-Gesellschaft in Cannstatt gebaut; 10 Jahre nach der Geburt des Automobils [8]. Das Fahrzeug hatte eine Zuladung von 1,5 t und wog leer 1,2 t. Ein 4 PS starker Zweizylinder-Motor sorgte für Vortrieb [9]. Der erste Lastwagen ist nicht mehr erhalten. Abb. 2.2 zeigt ein Fahrzeug aus den Anfangsjahren des Nutzfahrzeugs, das zwei Jahre später entstand: Das älteste Nutzfahrzeug, das uns erhalten geblieben ist.

Die ersten Lastkraftwagen wurden für die landwirtschaftliche Verwendung gedacht, wie ein Werbetext der Daimler-Motoren-Gesellschaft zum Cannstatter Volksfest 1897 zeigt:

> *Ein Daimler ist ein gutes Thier,*
> *zieht wie ein Ochs du siehst´s allhier;*
> *Er frisst nichts, wenn im Stall er steht*
> *und sauft nur, wenn die Arbeit geht;*
> *er drischt und sägt und pumpt Dir auch,*
> *wenn's Moos Dir fehlt, was oft der Brauch;*
> *Er kriegt nicht Maul- noch Klauenseuch*
> *und macht Dir keinen dummen Streich.*
> *Er nimmt im Zorn Dich nicht aufs Horn,*
> *verzehrt Dir nicht Dein gutes Korn.*
> *Drum kaufe nur ein solches Thier,*
> *dann bist versorgt Du für und für.*

Abb. 2.2 Der älteste erhaltene Lastkraftwagen mit Verbrennungsmotor von 1898. Der Motor ist unter dem Fahrersitz und der Ladefläche angeordnet (Unterflur). Mit einem Hubraum von etwa 1,5 l stand eine Leistung von 5,6 PS (4,1 kW) zur Verfügung. Die mögliche Zuladung wird mit 1250 kg angegeben. Das Fahrzeug steht im Mercedes-Benz Museum in Stuttgart. Foto: Michael Hilgers

Sehr schnell wurden die Vorteile des Lastwagens aber auch von anderen Betrieben erkannt, die schweres Gut schnell und zuverlässig transportieren wollten – wie Brauereien[1] oder Getreidemühlen.

Heute haben Lastwagen ihren Platz überall auf der Welt gefunden.

2.2   Ein paar Begriffe

Es wird in Regeln und Normen ein großer Aufwand betrieben, um verschiedene Begrifflichkeiten festzulegen. Ich versuche, das zu vermeiden. Es ist dennoch hilfreich, einige wenige Begriffe anfangs zu klären. Hier meine Kurzversion:

- Ein Fahrzeug ist ein Ding, das fährt.
- Ein Kraftfahrzeug (Kfz) ist ein Fahrzeug mit eigenem Antrieb, das nicht spurgebunden ist (keine Gleise etc.).
- Ein Automobil (Kraftwagen) ist ein mehrspuriges Kfz (Kraftrad z. B. Motorrad ist einspurig).

---

[1] Man denke an die imposanten Brauereigespanne mit bis zu sechs Pferden, die gefüttert, gepflegt und gebändigt werden mussten!

- Anhänger sind Fahrzeuge ohne eigenen Antrieb.
- Sattelauflieger oder Sattelanhänger sind Anhänger, die einen gewichtigen Teil ihres Gewichtes auf dem Zugfahrzeug abstützen und durch eine Sattelkupplung mit dem Zugfahrzeug verbunden sind.
- ZugfahrzeugeZugfahrzeuge sind Kraftfahrzeuge, die einen Anhänger ziehen.
- Ein NutzfahrzeugNutzfahrzeug ist ein Fahrzeug, das dem gewerblichen Transport von Personen oder Gütern dient und ein zulässiges Gesamtgewicht größer als 3,5 t hat[2].
- LastkraftwagenLastkraftwagen sind Nutzfahrzeuge, die dem Transport von Gütern („Lasten") dienen.

Alle weiteren Begriffe erschließen sich (hoffentlich) aus dem Text.

2.2.1   Koordinatensystem

In der Sprache der Technik braucht man ein Koordinatensystem. In diesem Buch wird das Koordinatensystem relativ zum Fahrzeug festgelegt, wie in Abb. 2.3 gezeigt: Die Fahrtrichtung ist die positive x-Achse. Die z-Achse zeigt in die Höhe. Da wir das in der Technik übliche, dreidimensionale rechtshändige Koordinatensystem benutzen, ergibt sich damit die y-Achse: Sie liegt parallel zu den Achsen des Fahrzeugs. Die positive Richtung der y-Koordinate verläuft in Fahrtrichtung gesehen von der rechten Seite des Fahrzeugs nach links. Diese Konvention des Koordinatensystems entspricht der in der Literatur geläufigen Art, die Achsen festzulegen.

Für die Drehbewegungen um die Achsen werden folgende Fachtermini verwendet: Eine Drehung um die Hochachse (y-Achse) nennt man Gieren, die Drehung um die Längsachse des Fahrzeugs (x-Achse) heißt Wanken und wenn das Fahrzeug sich um die y-Achse dreht, spricht man von Nicken.

---

[2] Personentaxis auf Pkw-Basis sind in diesem Sinne keine Nutzfahrzeuge.

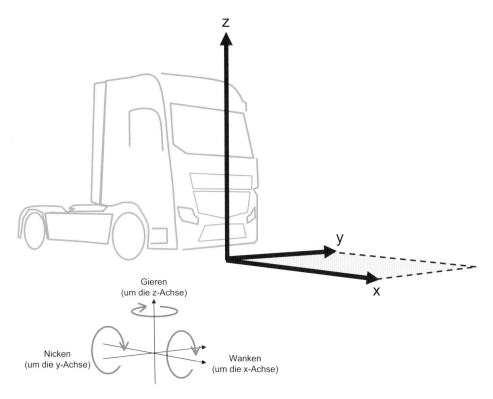

Abb. 2.3 Koordinatensystem, das im Nutzfahrzeug verwendet wird: Die x-Richtung ist die Fahrtrichtung des Fahrzeugs. Die Achse, die in die Höhe weist, ist die z-Achse, und die y-Achse ergibt sich daraus, als quer zum Fahrzeug verlaufend, von der rechten Seite auf die linke hinüber

Lkw als Investitionsgut

3

Die Einsatzbereiche eines Lastkraftwagens sind ungeheuer vielfältig. Allen Einsatzfällen gemein ist, dass der Lastwagen direkt oder indirekt eingesetzt wird, um Geld zu verdienen.

Der klassische Frachtführer verdient sein Geld direkt mit der Transportleistung, die er erbringt. Der Lastwagen ist für ihn eine „Maschine zum Geldverdienen", ein klassisches Investitionsgut.

In anderen Branchen wird eine völlig andere Leistung bezahlt, zu deren Erbringung der Lkw nur Hilfsmittel ist. Beispiele sind hier: Eine fahrbare Betonpumpe, eine Kehrmaschine, ein Müllsammelfahrzeug oder ein Kran auf einem Lkw-Fahrgestell. Auch der Gärtner oder Handwerker, der einen Lkw fährt, gehört in diese Kategorie. Hier ist das Endprodukt nicht der Transport. Aber ohne den Lastwagen wäre es ungeheuer viel aufwändiger, die gewünschte Leistung zu erbringen. Auch hier fällt der Lkw unter die Rubrik Investitionsgut[1].

Die Vielfalt der Aufgaben, zu denen der Lkw herangezogen wird, bedingt, dass es zahlreiche spezialisierte Fahrzeugtypen gibt, die für die jeweilige Aufgabe geeignet sind.

Die verschiedenen Fahrzeughersteller stellen schon eine beträchtliche Varianz an verschiedenen Fahrzeugen bereit. Eine weitere Spezialisierung erfolgt dann durch den sogenannten Aufbauhersteller, der das fahrbereite Fahrzeug des Fahrzeugherstellers mit einem Aufbau versieht. Mitunter ist der Aufbau sehr viel kostspieliger als das eigentliche Grundfahrzeug. Siehe auch [6].

---

[1] Von den zahlenmäßig vernachlässigbar wenigen Liebhabern und Extremisten, die ihren Lastwagen zum Wohnmobil oder Sportgerät umbauen, um damit ihre Freizeit zu verbringen, wollen wir hier absehen.

© Springer Fachmedien Wiesbaden 2016
M. Hilgers, *Gesamtfahrzeug*, Nutzfahrzeugtechnik lernen, DOI 10.1007/978-3-658-12745-9_3

3.1   Transportaufgabe

Die Vielfalt der Transportaufgaben, die der Lastkraftwagen zu bewältigen hat, spiegelt sich wider in der Vielfalt der verschiedenen Fahrzeuge.

Bestimmte Transportaufgaben benötigen sehr spezielle Fahrzeugaufbauten oder Auflieger. So gibt es Tanklastwagen (für Mineralöl oder Mineralölprodukte, aber auch für Lebensmittel), Fahrzeugtransporter, Betonmischer, Kehrmaschinen, Baustofftransporter mit Ladekran, Holztransporter, Kipper, Containerfahrzeuge und vieles mehr.

Einem „Standardfahrzeug" am nächsten kommt die Sattelzugmaschine. Sie kann verschiedene Auflieger ziehen und steht so für eine gewisse Flexibilität. Daher stellen Sat-

	Fern-verkehr	Baustelle	Verteiler	Sonder-fahrzeug
Stückgut Kofferaufbau, Kühlkoffer, Plane	🚚		🚚	
Wechselbrücken	🚚			
Container	🚚			
Schüttgut Leichter Kipper, schwerer Kipper, Kippauflieger		🚚		
Tankfahrzeug	🚚		🚚	
Betonmischer		🚚		
Entsorgung			🚚	
Autotransporter	🚚			
Abschleppfahrzeug			🚚	
Schwerlasttransport	🚚			
Flughafenvorfeld			🚚	
Militär				🚚
Feuerwehr				🚚

🚚 = vorwiegend Lastwagen (ohne Anhänger)

🚚 = vorwiegend Gliederzug mit Anhänger

🚚 = vorwiegend Sattelzug

Abb. 3.1 Beispiel für verschiedene Transportaufgaben in Fernverkehr, Verteilerverkehr und Baustelle

telzugmaschinen in Europa den größten Anteil der Neufahrzeuge im schweren Nutzfahrzeugsegment dar. Der Anteil der Sattelzugmaschinen an den Fahrzeugzulassungen steigt. Der Standardauflieger ist ein Auflieger mit Plane oder Kofferaufbau. Zunehmend werden Sattelzüge auch im Baustellenverkehr verwendet und ziehen Auflieger mit Kippmulde.

Häufig sind mit dem gleichen Fahrzeug auch wechselnde Transportaufgaben zu erfüllen. Insbesondere der Wunsch, flexibel verschiedene Rückfrachten aufnehmen zu können, hat dazu geführt, dass Auflieger und Anhänger angeboten werden, die für verschiedene Transportaufgaben geeignet sind. Im Kommunalbereich gibt es Wechselsysteme, mit denen der Aufbau des Fahrzeugs rasch gewechselt werden kann, um beispielsweise im Winter eine Streuanlage aufzunehmen und im Sommer eine Ladefläche zu verwenden.

Neben der Ladung, die transportiert wird, wird die Transportaufgabe von weiteren Kriterien definiert: Insbesondere die Strecke, über die die Ladung transportiert werden soll, charakterisiert die Transportaufgabe: Handelt es sich um einen Transport durch die Stadt oder um lange Transportstrecken im Fernverkehr? Ist die Route eben und anspruchslos oder ist sie gebirgig? Handelt es sich gar um eine Strecke abseits befestigter Straßen?

Ladung und Transportstrecke werden bedacht, um die richtige Fahrzeugkonfiguration festzulegen und die Transportaufgabe so wirtschaftlich wie möglich zu bewältigen. Damit sind wir beim nächsten Abschnitt, der Wirtschaftlichkeitsdiskussion.

3.2 Wirtschaftlichkeit des Nutzfahrzeugs

Ein Nutzfahrzeug dient dazu, Geld zu verdienen. Der Gewinn ergibt sich aus Umsatz minus Kosten. Der Fahrzeugbetreiber sucht also nach einem Fahrzeug, das es ihm ermöglicht, viele und gut bezahlte Einsatzfälle abzudecken und das gleichzeitig geringe Kosten verursacht.

3.2.1 Optimierung des Umsatzes

Die richtige Fahrzeugtechnik und das richtige Fahrzeug helfen dem Spediteur oder Fahrzeugbetreiber seinen Umsatz zu erhöhen.

Es gibt Transportaufgaben, die nach transportierter Ladungsmasse abgerechnet werden. Dazu gehören Flüssigkeitstransporte oder auch Baustofftransporte (Betonmischer). Das richtige Fahrzeug für diese Aufgaben ist ein nutzlastoptimiertes Fahrzeug mit geringem Leergewicht, das es dem Spediteur ermöglicht, eine möglichst große (bezahlte) Menge an Transportgut mitzuführen.

Andere Transportaufgaben werden nach Volumen bezahlt, so dass hier das Bestreben des Spediteurs ist, möglichst viel Volumen transportieren zu können. Hier gibt es Fahrzeugkonzepte, die das Transportvolumen maximieren wie Fahrzeuge mit niedrigem Rahmen (Lowliner), Auflieger mit Überlänge (Sondergenehmigung erforderlich) oder Gliederzüge mit Tiefkuppelsystem.

Da der Transporteur mit jeder gefahrenen Tour zusätzlichen Umsatz generieren kann, liegt es in seinem Interesse, die einzelne Transportaufgabe möglichst schnell abzuschließen. Auch hier hilft ihm die Fahrzeugtechnik: Für das jeweilige Ladegut optimierte Auflieger und Aufbauten lassen den Be- und Entladevorgang rasch vonstatten gehen, so dass das Fahrzeug schnell wieder auf der Straße ist. Navigationsssysteme verringern unnötige Umwege und helfen, die schnellste Route auszuwählen oder Staus zu umgehen. Im Einzelfall kann es lohnend sein, eine hohe Motorleistung zu wählen, um durch hohe Durchschnittsgeschwindigkeiten zusätzliche Transportaufgaben übernehmen zu können[2]. Verschleißfreie Dauerbremsen (Retarder), die eine sichere Bergabfahrt ermöglichen, tragen des Weiteren auf spezifischen Strecken zu höheren Transportgeschwindigkeiten bei.

Ein weiterer, sehr wirkungsvoller Optimierungsstellhebel ist es, möglichst wenig Leerfahrten zu verursachen und möglichst häufig eine Rückfracht transportieren zu können. Man spricht von „paarigen Verkehren", wenn man sowohl bei der Hin- als auch während der Rückfahrt (bezahltes) Frachtgut transportiert. Ist dies nicht der Fall, spricht man entsprechend von „unpaarigen Transporten". Die Fahrzeugtechnik unterstützt dabei, das Fahrzeug auf Hin- und Rückstrecke nach Möglichkeit mit Ladung zu bewegen, beispielsweise durch die oben angesprochenen flexiblen Auflieger, die für verschiedene Frachten geeignet sind. Auch gibt es Ladungsträger, die für verschiedene Frachten geeignet sind.

Spezialisierung ist ein weiterer Stellhebel, um den Umsatz zu optimieren. Gilt eine Spedition als Spezialist für bestimmte Aufgaben, so fällt es leichter, in diesem Segment Aufträge zu erhalten. In bestimmten Segmenten des Warenverkehrs sind eventuell die erzielbaren Frachtraten auch schlicht höher als in anderen Segmenten. Spezialisierung kann sich auf die beförderte Ware (Frischetransport, Schwerlastverkehr oder ähnliches) oder auf bestimmte Destinationen beziehen.

Zum Schluss seien auch sogenannte weiche Faktoren erwähnt, die eventuell zur Umsatzoptimierung beitragen können: Ein optisch ansprechender Fuhrpark mag dazu führen, dass sich mehr Interessenten für die Zusammenarbeit mit diesem Transportdienstleister entscheiden. Ein modernes Fahrzeug – vielleicht sogar einer bestimmten Marke – kann das Image der Firma heben und signalisieren, dass der Kunde einen leistungsfähigen Auftragnehmer gefunden hat. Dieser Effekt ist sowohl für den Gärtner oder Handwerksbetrieb wichtig, die den Endverbraucher zum Kunden haben, als auch für multinationale Großspeditionen, die sich als leistungsstarkes und vitales Unternehmen zeigen wollen.

---

[2] Faktisch fahren auch Fernverkehrslastwagen mit Standardmotorisierung in der Ebene die maximal mögliche Geschwindigkeit von 80 km/h (Geschwindigkeitslimit in Deutschland), beziehungsweise 89 km/h (automatisches Abregeln des Motors und Limit in anderen Ländern), so dass der Zeitvorteil vor allem bei Bergauffahrt realisierbar ist; aber auch nur dann, wenn das Fahrzeug nicht auf ein langsames Fahrzeug aufläuft, beziehungsweise wenn dieses überholt werden kann.

3.2.2 Kosten

Der zweite Stellhebel neben der Optimierung des Umsatzes ist die Reduzierung der Kosten des Fahrzeugbetriebs. Sämtliche Kostenbeiträge einer Fernverkehrsspedition sind in Abb. 3.2 aufgeführt.

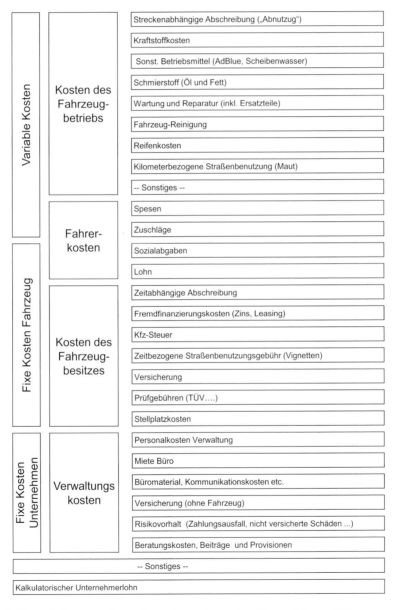

Abb. 3.2 Kostenbeiträge zur Gesamtkostenbetrachtung einer Fernverkehrsspedition

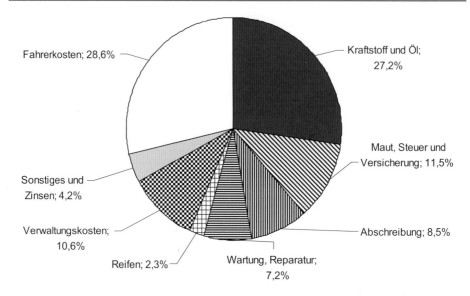

Fahrerkosten; 28,6%

Kraftstoff und Öl;
27,2%

Maut, Steuer und
Versicherung; 11,5%

Sonstiges und
Zinsen; 4,2%

Verwaltungskosten;
10,6%

Abschreibung; 8,5%

Reifen; 2,3%

Wartung, Reparatur;
7,2%

Abb. 3.3 Verteilung der Kosten einer europäischen Fernverkehrsspedition, aus [10]

Einen Vergleich der unterschiedlichen Kostenbeiträge liefert die Abb. 3.3.

Die hier dargestellte relative Kostenverteilung gilt für eine durchschnittliche Fernverkehrsspedition in Deutschland im Jahre 2007. Im Verteilerverkehr sieht die Kostenstruktur deutlich anders aus. Auch ändert sich die Verteilung laufend durch unterschiedliche relative Preisveränderungen (Kraftstoffpreis steigt und sinkt …). Unterschiedliche Speditionen können unterschiedliche relative Kostenbeiträge haben, selbst wenn sie sehr ähnliche Transportaufgaben erfüllen[3].

Fahrerkosten

Ein großer Anteil der Kosten entfallen auf den Fahrer, für den Gehalt und Sozialabgaben zu bezahlen sind. Da die Höhe der Gehälter in verschiedenen europäischen Ländern signifikant unterschiedlich ist, das Transportgewerbe aber über Grenzen hinweg im Wettbewerb zueinander steht, ergeben sich für Betriebe in einigen Ländern naturgemäß Vorteile beziehungsweise Nachteile. Eine technische Antwort auf dieses Problem (und diese Heftserie beschäftigt sich mit der technischen Seite des Nutzfahrzeugs) gibt es nicht.

---

[3] Beispiel: Eine fiktive Spedition A legt Wert auf neueste Technik und gut geschulte Fahrer. Die gedachte Spedition B bezahlt den Fahrern weniger, die daher auch weniger gut ausgebildet sind, häufiger den Arbeitgeber wechseln und sich weniger Mühe geben, materialschonend zu fahren. Spedition A wird vermutlich etwas höhere Kostenbeiträge für den Fahrer und die Abschreibung haben, während Spedition B mehr Geld für Kraftstoff, Reparatur und Wartung ausgibt. Möglicherweise transportieren beide das gleiche und können auch beide erfolgreich am Markt bestehen.

Wertverzehr, Abschreibung

Die Anschaffungskosten, beziehungsweise kaufmännisch gesprochen, der Wertverzehr (die Abschreibung) des Fahrzeugs, stellen im klassischen Fernverkehr nur einen kleinen Teil der Gesamtkosten dar. Der Wertverzehr setzt sich aus einem zeitabhängigen Anteil („das Fahrzeug altert") und einem nutzungsabhängigen Anteil („das Fahrzeug wird verschlissen, nutzt sich ab") zusammen. Der Restwert oder Wiederverkaufswert, der nach der geplanten Nutzungsdauer noch erzielt werden kann, reduziert den Beitrag der Anschaffungskosten zum Gesamtkostenbild. In Summe spielt der Anschaffungspreis des Lastkraftwagens bei der Gesamtkostenbetrachtung über die gesamte Betriebsdauer[4] keine dominierende Rolle (8,5 % in der Kostenverteilung nach Abb. 3.3).

Die Kosten des Aufbaus, die bei Spezialaufbauten die Fahrzeugkosten um ein Vielfaches überschreiten, sind beim Wertverzehr selbstverständlich auch zu berücksichtigen.

Finanzierungskosten

Neben dem Wertverzehr, den das Fahrzeug erleidet, müssen auch die Zinsen und Gebühren berücksichtigt werden, die der Spediteur aufbringen muss, um ein Fahrzeug zu erwerben.

Wird das Fahrzeug – was im Speditionsgeschäft vermutlich eher die Ausnahme ist – ohne Finanzierung direkt aus dem Kapital der Firma bezahlt, so ist ein kalkulatorischer Zins zu berücksichtigen, der widerspiegelt, dass das Geld anders eingesetzt, einen Erlös hätte erzielen können. Der Spediteur hätte beispielsweise statt der Anschaffung des Lastwagens, das Geld auf dem Bankkonto belassen und sich der Zinsen erfreuen können[5]. Für die Leser, die dazu noch mehr herausfinden wollen: Man spricht auch von den Opportunitätskosten, die zu berücksichtigen sind.

Reparatur und Wartung

Der Aufwand für Wartung und Reparatur beträgt in einer europäischen Fernverkehrsspedition rund 7 %. Beide Kostenarten können stark vom Fahrer beeinflusst werden. Ein vorausschauender, sanfter Fahrer schont das Material und reduziert sowohl Wartungs- als auch Reparaturkosten. Selbstverschuldete Unfälle schlagen sich in dieser Kostenart direkt nieder. Verschiedene Fahrerassistenzsysteme, die die Unfallwahrscheinlichkeit und die Unfallschwere reduzieren, sind geeignet, die Reparaturkosten zu senken.

Statt die oftmals schwer vorhersehbaren Wartungskosten in die Kostenrechnung aufzunehmen, kann der Fahrzeugbesitzer auch einen Servicevertrag abschließen. Diese Serviceverträge werden von den Fahrzeugherstellern angeboten. Statt der Wartungskosten müssen dann die Kosten des Servicevertrages in der Kostenrechnung Niederschlag finden und zusätzlich die Kosten in der Kostenrechnung berücksichtigt werden, die nicht durch den Wartungsvertrag abgedeckt sind.

---

[4] Hier findet man häufig die englische Abkürzung TCO (= Total Cost of Ownership). Damit sind die Gesamtkosten über die Nutzungsdauer des Fahrzeugs gemeint.
[5] Wenn man die Zinsen der letzten Jahre betrachtet, ein eher zweifelhaftes Vergnügen ...

Im Falle einer ungeplanten Reparatur treten neben den Reparaturkosten eventuell weitere Kosten auf wie beispielsweise Kosten für ein Ersatzfahrzeug.

Reifen

Einen erstaunlich präsenten Kostenbeitrag zum Lkw-Betrieb liefern die Reifen. Sie verschleißen und müssen rechtzeitig ersetzt werden. Unglücklicherweise ist der einzelne Reifen recht teuer und dann braucht man auch gleich viele davon: Ein Standard-Sattelzug braucht sechs Reifen für die Zugmaschine und weitere sechs Reifen für den Auflieger, des Weiteren gegebenenfalls noch Winterbereifung.

Der Reifen ist nicht nur selbst ein Kostenfaktor, sondern beeinflusst über seinen Rollwiderstand die Kraftstoffkosten [4].

Versicherung des Fahrzeuges und Kfz-Steuer

Der Vollständigkeit halber werden hier auch die Kostenbeiträge von Versicherungen und der Kfz-Steuer genannt. Die gute Nachricht ist, dass die hier entstehenden Kosten gut kalkulierbar sind. Sie sind unvermeidbar. Die Kfz-Steuer allerdings wird national festgelegt und variiert daher zwischen den Staaten.

Kraftstoffverbrauch

Einen sehr großen Beitrag zum gesamten Kostenkuchen liefert im Fernverkehr der Kraftstoffverbrauch (siehe Abb. 3.3). Daher ist dem Thema Kraftstoffverbrauch in dieser Reihe ein eigenes Heft gewidmet [4].

Letztlich entscheidend für den Spediteur ist der spezifische Kraftstoffverbrauch pro transportierter Einheit. Stößt der Transporteur eher an die Zuladungsgrenze seines Fahrzeugs, ist der Verbrauch pro transportierter Gewichteinheit interessant. Üblicherweise wird der Verbrauch pro hundert Tonnenkilometer angegeben. Es gibt aber auch Transportaufgaben, bei denen das Fahrzeug zwar gewichtsseitig noch Reserven hätte, aber das Transportvolumen ausgeschöpft ist. Für die Bewertung einer solchen Transportaufgabe ist der Verbrauch pro transportiertem Kubikmeter Rauminhalt entscheidend. Üblicherweise spricht man vom Verbrauch pro Kubikmeter und 100 km.

Daher werden großvolumigere Fahrzeugkombinationen unter dem Aspekt der Kraftstoffverbrauchsoptimierung und CO_2-Reduktion diskutiert.

Neben dem Kraftstoff verbraucht der Lastkraftwagen noch Motoröl, Schmierstoffe und, wenn er eine moderne Abgasnorm erfüllt, auch AdBlue[6]. Daneben muss noch, je nach Verbrauch, Scheibenwischwasser und je nach Wartungsplan, Kühlmittel eingefüllt werden. Verglichen mit den Kosten des Kraftstoffs sind diese Verbrauchsstoffe aber nahezu vernachlässigbar.

Straßengebühren, Maut

In den meisten europäischen Ländern ist auf Fernstraßen für Lkws – häufig auch für Pkws – die Entrichtung einer entfernungsabhängigen Straßenbenutzungsgebühr erforderlich. Diese Maut macht im Fernverkehr durchaus einen spürbaren Anteil der Gesamtkosten aus.

In Deutschland ist die Maut gestaffelt nach der Anzahl der Achsen des Fahrzeuges und nach den unterschiedlichen Abgasnormen. Je fortgeschrittener die Abgasnorm ist, die das Fahrzeug erfüllt, desto geringer ist die Lkw-Maut. Auch Leerfahrten verursachen Mautkosten.

Sicherheit, Komfort und Kosten

Sicherheitssysteme können geeignet sein, die Kosten des Fahrzeugbetreibers zu reduzieren. Jeder Unfall führt zu Reparaturkosten und zu einer Wertminderung des Fahrzeugs. Darüber hinaus entstehen weitere Kosten, wie Mehrkosten für ein Ersatzfahrzeug und, wenn im schlimmsten Falle der Fahrer verletzt wurde, auch Krankheitskosten und Kosten für einen Ersatzfahrer. Selbstverschuldete Unfälle erhöhen die Kosten für die Versicherung.

Auch sinkt durch einen Unfall die Termintreue des Transporteurs und damit die Kundenzufriedenheit.

Komfortable Fahrzeuge können aus ähnlichen Gründen wie Sicherheitssysteme dazu beitragen, Kosten einzusparen. Der ausgeruhte Fahrer in einem komfortablen Fahrzeug fährt sicherer und sollte, statistisch gesehen, zu einer geringeren Unfallhäufigkeit führen. Das wichtigere Argument ist aber, dass der Fahrer eines komfortablen Fahrzeugs entspannter, materialschonender, vorausschauender (= kraftstoffeffizienter) und in Summe dadurch wirtschaftlicher unterwegs ist. Die Erfahrung zeigt, dass viele Fahrer ein Fahrzeug, das sie mögen, besser pflegen und behutsamer bewegen.

---

[6] AdBlue ist eine wässrige Harnstofflösung, die getankt wird, um im Katalysator die schädlichen Stickoxide aus dem Motor-Abgas in Wasserdampf und harmlosen Stickstoff umzuwandeln.

3.3 Lkw aus Fahrersicht

Neben der Sichtweise des Spediteurs, der den Lkw als Investitionsgut und als Maschine zum Geldverdienen betrachtet, muss der Lastkraftwagen auch den Bedürfnissen des Fahrers Rechnung tragen. Der Fahrer verbringt viele Stunden im Fahrzeug. Er baut häufig eine emotionale Bindung zu seinem Fahrzeug auf. Da gute Fahrer wichtig für den Spediteur sind und in der Firma gehalten werden sollen, ist es wichtig, dass das Fahrzeug auch die Anforderungen des Fahrers bedient. Oder um es zugespitzt zu sagen: *Der Lkw-Hersteller hat zwei Kunden: den Spediteur (Käufer) und den Fahrer (Nutzer)!*

Besonders wichtig ist das Fahrerurteil über sein Fahrzeug im Fernverkehr. Im Fernverkehr verbringt der Fahrer häufig neben der reinen Fahrzeit auch Freizeit, Erholungsphasen und Schlafenszeiten im Fahrzeug. Das Fahrerhaus ist für ihn auch Wohn- und Schlafraum [5]. Verschiedene Studien (so zum Beispiel [11]) legen dar, dass es immer schwieriger wird, Interessenten für den Fahrerberuf zu finden. Vor diesem Hintergrund ist es um so wichtiger, dass das Fernverkehrsfahrzeug die Anforderungen des Fahrers bedient. In vielen Fernverkehrsspeditionen werden die Fahrermeinungen über verschiedene Fahrzeuge oder Ausstattungsvarianten in die Überlegungen beim Erwerb neuer Fahrzeuge einbezogen.

Zudem macht der demographische Wandel und damit verbunden, ein höheres Durchschnittsalter der Fahrer, es zunehmend wichtiger, dass das Fahrzeug und der Anhänger oder Aufbau ergonomisch optimiert sind und mit geringem Kraftaufwand zu bedienen sind. (Die Beweglichkeit des Menschen baut in der Regel deutlich früher ab, als die Körperkraft).

Im Verteilerverkehr ist die Bedeutung des Fahrzeugs für den Fahrer in der Regel geringer, da er es als reines Arbeitsgerät wahrnimmt. Dementsprechend ist das Mitspracherecht des Fahrers beim Fahrzeugerwerb in der Regel weniger stark ausgeprägt. Trotzdem sind die Fahrzeughersteller bestrebt, auch in Verteilerfahrzeugen die Fahrerbedürfnisse möglichst gut abzubilden.

3.4 Kundenkaufkriterien

Summarisch kann man die Kriterien, die der Kunde bei der Auswahl des richtigen Fahrzeugs heranzieht, in drei Gruppen einteilen – ähnlich den drei voranstehenden Abschn. 3.1 bis 3.3: Die Eignung des Fahrzeugs für die spezifische Transportaufgabe, die Betrachtung der Gesamtkosten über die Lebensdauer des Fahrzeugs und sogenannte weiche Faktoren.

Abb. 3.4 zeigt diese drei Gruppen und listet die wichtigsten konkreten Kaufkriterien auf. Das relative Gewicht der Kriterien kann bei verschiedenen Kaufentscheidungen durchaus unterschiedlich sein.

Neben den Kriterien, die unmittelbar das Fahrzeug betreffen, gibt es weitere Kriterien, die bei der Kaufentscheidung auch eine Rolle spielen können. Dies sind beispielsweise das Werkstattnetz, eigenes Reparatur-Know-how bei einer bestimmten Marke oder auch zwischenmenschliche Kriterien, wie das Verhältnis zwischen Käufer und Lkw-Verkäufer.

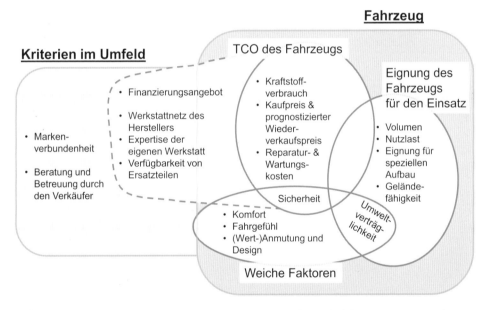

Abb. 3.4 Die Kundenkaufkriterien beim Lkw-Kauf lassen sich in drei Gruppen zusammenfassen: Gesamtkosten über die Nutzungsdauer (TCO), Eignung für die Transportaufgabe und weiche Faktoren wie Komfort. Neben den drei Gruppen von Kriterien, die unmittelbar das Fahrzeug beschreiben, werden in der Regel weitere, das Umfeld betreffende Faktoren, wie das Werkstattnetz in die Kaufentscheidung mit einfließen

Gesamtfahrzeug

4

Die Entwicklungsbereiche der Fahrzeughersteller sind in der Regel aufgeteilt nach Baugruppen. Es gibt einen Bereich, der sich um den Motor kümmert, einen anderen, der die Achsen macht oder das Fahrerhaus entwickelt. Auch die Lieferantenlandschaft hat sich über Jahrzehnte gemäß einer Zerlegung des Fahrzeuges in Baugruppen und Komponenten entwickelt. Namhafte Firmen haben ihre Kernkompetenz in der Fahrzeugelektronik oder zum Beispiel dem Getriebebau. Die zweckmäßige und traditionell übliche Zerlegung des Fahrzeuges in Baugruppen spiegelt sich ja zum Teil auch in dieser Heftserie.

Dieses Kapitel jedoch beschäftigt sich mit dem Fahrzeug als Ganzes: Der Kunde kauft ein Gesamtfahrzeug und erwartet, dass dieses bestimmte Eigenschaften hat und sich für bestimmte Einsätze eignet. Für den Benutzer des Nutzfahrzeugs steht – wie die Bezeichnung Nutzfahrzeug schon anzeigt – der Nutzen des Fahrzeugs im Vordergrund. Das Fahrzeug wird als Gesamtgerät bewertet und vom Kunden wahrgenommen. Ihn interessiert, ob das Fahrzeug für die geplante Transportaufgabe geeignet ist. Einzelne technische Finessen, die den Ingenieur erfreuen, sind für den Kunden häufig nicht von Bedeutung.

Ein Lastkraftwagen besteht aus mehreren tausend Teilen, wie in Abb. 4.1 illustriert ist. Diese müssen zusammenpassen und ein harmonisches Gesamtfahrzeug ergeben.

Aus dem Verwendungszweck und den Anforderungen an das Gesamtfahrzeug lässt sich ableiten und technisch festlegen, was die einzelnen Baugruppen und Bauteile beitragen sollen.

© Springer Fachmedien Wiesbaden 2016

M. Hilgers, *Gesamtfahrzeug*, Nutzfahrzeugtechnik lernen, DOI 10.1007/978-3-658-12745-9_4

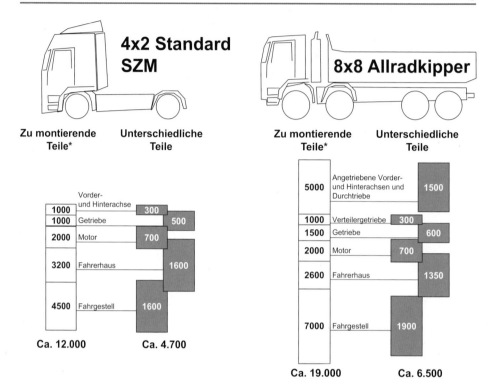

* Anzahl der zu montierenden Teile aus Sicht des OEM. Viele Komponenten werden als Zusammenbau vom Lieferanten angeliefert. Die Anzahl der Teile hängt (auch) von der Wertschöpfungstiefe des OEMs ab.

Abb. 4.1 Geschätzte Anzahl der Teile, aus denen ein Lkw beim Fahrzeughersteller zusammengebaut wird. Komponenten, die als Zusammenbau beim Fahrzeughersteller (OEM) angeliefert werden, werden als einzelnes Teil betrachtet, auch wenn diese Komponente wiederum aus zahlreichen Einzelteilen besteht (Beispiel Sitz). Einige Teile sind mehrfach verbaut. Daher ist des Weiteren aufgeführt, wie viele unterschiedliche Teile zum Lastkraftwagen zusammengesetzt werden

4.1 Fahrzeugkonzept

Das Fahrzeugkonzept legt das mechanische Grundkonzept, die Abmessungen und die Anordnung der Komponenten im Fahrzeug fest. Optisch besonders auffällig ist das Fahrerhauskonzept: Hauber oder Frontlenker? Diese Frage, oder zumindest die Frage, welches Fahrerhaus in einer Region dominiert, wird – wie weiter unten ausgeführt (Abschn. 4.2.1) – stark von gesetzlichen Regeln bestimmt.

Trotz der hohen Varianz der verfügbaren Fahrzeuge und einer teilweise schon extremen Anpassung der Nutzfahrzeuge an ihren spezifischen Einsatzzweck gibt es doch einige Grundkonstanten im Fahrzeugkonzept moderner Nutzfahrzeuge. Lastwagen weisen als tragende Grundstruktur einen Leiterrahmen auf. Auf diesem sitzt vorne ein (in Europa) gefedertes Fahrerhaus. Im hinteren Bereich ist die Nutzfläche. Auch die Lage des Triebstrangs ist, zumindest beim Lkw, immer gleich: Alle Lastkraftwagen weisen den sogenannten „Heck-längs-Einbau" auf: Der Motor ist vorne (lässt sich am besten kühlen) und treibt mindestens eine Hinterachse (gegebenenfalls auch mehrere Achsen) an. Die Kurbelwelle des Motors liegt parallel zur Fahrzeuglängsachse. Hinter dem Motor schließt sich das Getriebe an. Andere Fahrzeugkonzepte wie Frontantriebe, Quereinbauten des Motors, Unterflurmotoren, Transaxle-Bauweisen spielen im Lkw keine Rolle. Anders beim Bus: Hier gibt es zahlreiche unterschiedliche Triebstrangeinbaulagen: Der klassische große europäische Bus trägt Motor und Getriebe hinter der Hinterachse. Dabei kann der Motor längs oder quer liegen. Die Motorlage hinten ist günstig für die Gestaltung von Fahrerarbeitsplatz und Einstiegsmöglichkeiten und lässt sich gut in den Passagierbereich einpassen. Die Kühlung des Motors ist aber naturgemäß etwas schwieriger. Kleine Busse haben den Motor häufig vorne wie ein Lastkraftwagen. Lastwagen und Omnibusse haben immer eine Achsschenkellenkung.

4.1.1 Zugmaschine oder Lastwagen

Im Lastwagenverkehr lassen sich zwei Transportkonzepte unterscheiden: Erstens die Sattelzugmaschine, die keine eigene Ladefläche oder sonstige „Nutzfläche" aufweist. Die Sattelzugmaschine ist dafür gedacht einen Sattelauflieger zu ziehen und ist nur mit diesem für den Gütertransport geeignet. Zweitens gibt es den Lastkraftwagen mit Ladefläche oder Aufbau.

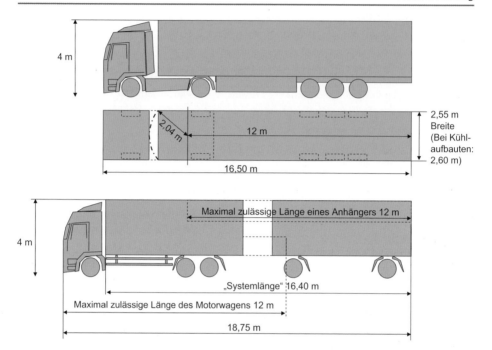

Abb. 4.2 Gesetzlich vorgeschriebene Außenabmessungen in Deutschland. Im *oberen Teil* der Abbildung sind die Abmessungen für den Sattelzug gezeigt, *unten* die Maße für den Gliederzug

Der Lastkraftwagen kann noch einen Anhänger hinter sich herziehen und wird dann zum sogenannten Gliederzug. Abb. 4.2 zeigt die beiden Konzepte.

Beide Konzepte haben ihre spezifischen Vorteile. Der Gliederzug bietet bei den in Europa üblichen Abmessungen ein größeres Transportvolumen an und es lassen sich drei zusätzliche Europaletten (Grundfläche 80 cm × 120 cm) mehr zuladen als beim Sattelzug.

Beim Gliederzug mit Zentralachsanhänger (Abb. 4.3) ist der Volumenvorteil gegenüber dem Sattelzug noch größer. Der Sattelzug hingegen hat den Vorteil, dass er eine größere Nutzlast bietet. Außerdem ist er im Verbrauch günstiger. Die Sattelzugmaschine lässt sich darüber hinaus sehr flexibel einsetzen: Sie lässt sich problemlos an unterschiedliche Auflieger ankuppeln.

Der Gliederzug kommt sowohl bei Vorwärtsfahrt als auch rückwärts mit deutlich weniger Platz aus. Der Auflieger des Sattelzugs schwenkt sowohl vorne als auch hinten sehr deutlich aus und verursacht so einen großen Platzbedarf. Allerdings ist der Sattelzug für den weniger versierten Fahrer deutlich leichter rückwärts zu rangieren.

Letztlich entscheidet der Markt: Er zeigt eine deutliche Präferenz für den Sattelzug. Es sind deutlich mehr Sattelzüge auf den Straßen unterwegs als Gliederzüge. In vielen Investitionsentscheidungen ist die höhere Zuladung der Sattelzugkombinationen gepaart mit einem niedrigeren Systempreis das entscheidende Argument.

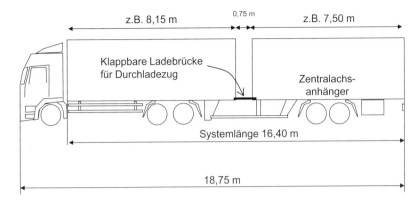

Abb. 4.3 Gliederzug mit Zentralachsanhänger. Diese Konfiguration ermöglicht es, ein großes Transportvolumen zu realisieren

4.1.2 Fahrzeugkonfiguration und Einsatzfall

Neben der Grundfrage Sattelzug oder Gliederzug wird die Entscheidung des Transporteurs für das richtige Fahrzeug von einer Vielzahl von Parametern bestimmt:

- Vom Transportgut, für das das Fahrzeug vorgesehen ist (Art des Transportgutes und Gesamtzuladung): Es ist offensichtlich, dass ein Fahrzeug, das Langholz transportiert, anders beschaffen sein sollte, als ein Fahrzeug, das im innerstädtischen Verkehr Zeitungskioske beliefert.
- Von der Topographie, in der das Fahrzeug eingesetzt werden soll.
- Von der Beschaffenheit der Infrastruktur im Einsatzgebiet.
- Von den klimatischen Bedingungen, unter denen das Fahrzeug operieren wird.
- Von der Streckenlänge und der jährlichen Gesamtfahrleistung, für die das Fahrzeug eingeplant wird.
- Von der Verkehrsdichte und der Verkehrsführung auf der Strecke (viele Kurven? Viele Beschleunigungs- und Bremsvorgänge?): Die Enge der asiatischen Ballungsräume ist sicher ein Grund dafür, dass klassische Light-Duty-Lastwagen dort sehr viel verbreiteter sind, als in Europa oder den USA.
- Vom Kundensegment, das das Fahrzeug adressieren soll.
- Von tradierten Erwartungshaltungen in spezifischen Märkten: Auch historisch gewachsene Marktvorlieben sorgen dafür, dass Fahrzeuge in verschiedenen Ländern unterschiedlich aussehen.
- Und nicht zuletzt von gesetzlichen Regelungen der Länder, in denen das Fahrzeug zugelassen und betrieben werden soll.

Tab. 4.1 Anhaltswerte für die Nutzung von Nutzfahrzeugen in verschiedenen Segmenten

Fahrzeugsegment	Durchschnittsge-schwindigkeit	Gesamtfahrleistung im Fahrzeugleben	Betriebsstunden im Fahrzeugleben	Jahresfahr-leistung
Lkw Fernverkehr	60 km/h	1,2 Mio. km	20.000 h	150.000 km
Lkw Verteilerverkehr	33 km/h	500.000 km	15.000 h	
Stadtbus	15 km/h	750.000 km	50.000 h	60.000 km
Pkw	60 km/h	300.000 km	5.000 h	30.000 km

[15] zeigt Beispiele auf, wie die verschiedenen Parameter des Fahrzeuggebrauchs berücksichtigt werden, um dem Kunden das richtige Fahrzeug zusammenzustellen.

Nutzungsdauer, Durchschnittsgeschwindigkeit, Produktlebensdauer sind je nach Segment, in dem das Fahrzeug eingesetzt wird, sehr unterschiedlich. Tab. 4.1 illustriert anhand der Betriebsstunden und der Fahrleistungen die sehr unterschiedlichen Nutzungsprofile von Kraftfahrzeugen.

4.1.3 Einflüsse der Produktion auf das Fahrzeugkonzept

Neben den für den Nutzer relevanten Festlegungen werden vom Fahrzeughersteller weitere Konzeptentscheidungen bei der Fahrzeugentwicklung getroffen. Dazu gehören produktionsgetriebene Überlegungen, die den Kunden gar nicht betreffen. Wichtiges Kriterium für die Produktion ist es, das Fahrzeug kostengünstig und prozesssicher herstellen zu können. Fahrzeuge, die in geringer Stückzahl hergestellt werden, werden aus wirtschaftlichen Gründen mit anderen Produktionskonzepten und daher gegebenenfalls auch mit anderen technischen Produktkonzepten dargestellt als Fahrzeuge, die in großer Stückzahl hergestellt werden. Auch achtet der Fahrzeughersteller darauf, dass ein zusätzliches Produkt sich in sein übriges Produktportfolio einpasst und möglichst viele Gleichteile mit anderen Produkten aufweist.

4.2 Gesetzliche Rahmenbedingungen

Die gesetzlichen Bestimmungen, die den größten Einfluss auf das Gesamtkonzept eines Lkws haben, sind sicherlich jene, die die Abmessungen und die zulässigen Gewichte des Fahrzeuges (Gesamtgewicht und Achslasten) festlegen. Die gesetzlich maximal zulässigen Abmessungen und Massen, die ein Fahrzeug aufweisen darf, sind für Europa in der Richtlinie 96/53/EG festgelegt. Insbesondere bei den Gewichten und den Achslasten erlaubt die 96/53/EG für den innerstaatlichen Verkehr abweichende Regeln. Auch die Fahrzeughöhe kann national variiert werden. Weitere Vorschriften zu Massen und Abmessungen und zu den Messverfahren enthält die Verordnung EU 1230/2012.

4.2.1 Abmessungen

Die zulässigen Abmessungen eines Fahrzeuges sind in der Richtlinie 96/53/EG wie folgt festgelegt: Die maximale Länge eines Lastwagens darf 12 m nicht überschreiten. Die maximal zulässige Länge des Anhängers beträgt auch 12 m.

Ein Lastwagen mit Anhänger – ein sogenannter Gliederzug – darf insgesamt die Länge von 18,75 m nicht überschreiten.

Ein Anhänger, der das Maximalmaß aufweist, darf also nicht an einen Lastkraftwagen, der die maximal erlaubte Länge von 12 m ausschöpft, angekoppelt werden, da dann die zulässige Zuglänge von 18,75 m überschritten wäre.

Die sogenannte Systemlänge, das ist die Entfernung von der vordersten Kante der Ladefläche bis zur hintersten Kante der Ladefläche, darf bei Gliederzügen maximal 16,4 m betragen.

Abb. 4.2 illustriert die zulässigen Längen.

Die maximale Breite eines Lastwagens und des Anhängers beträgt 2,55 m. Außenspiegel oder abstehende Umrissleuchten werden bei der Betrachtung der Breite nicht berücksichtigt. Sie dürfen weiter hervorstehen und tun dies in der Regel auch.

Für Kühlfahrzeuge ist die zulässige Breite auf 2,60 m festgelegt. Mit dieser Regel möchte man erreichen, dass Kühlfahrzeuge zwei Europaletten quer nebeneinander oder drei Europaletten längs nebeneinander transportieren können[1] und trotzdem noch eine sinnvolle Wandstärke für die Kühlisolierung realisiert werden kann.

Die maximale Höhe eines Lastwagens oder Anhängers beträgt 4 m. Verschiedene europäische Länder haben abweichende Höhenbeschränkungen.

---

[1] Eine Europalette hat die Maße 80 cm × 120 cm. Zwei Europaletten quer nebeneinander oder drei Europaletten längs nebeneinander resultieren also in einer Breite von 2,40 m.

a   b

Abb. 4.4 Zwei Konzeptfahrzeuge: **a** der Mercedes-Benz Future Truck von 2014 und **b** der Freight-liner Inspiration Truck von 2015. Das Konzeptfahrzeug **a** ist ein Frontlenkerfahrzeug, bei dem die Kabine über dem Motor sitzt. **b** ein Haubenfahrzeug, wie es im nordamerikanischen Fernverkehr üblich ist. Fotos: Daimler AG

Für Sattelzüge gelten die gleichen Begrenzungen für Höhe und Breite. Die Länge eines Sattelkraftfahrzeuges ist auf 16,5 m festgelegt. Diese Länge dürfen Sattelzüge nur aus-schöpfen, wenn der Abstand von Königszapfen (das ist der Zapfen mit dem der Auflieger in der Sattelkupplung verankert ist) zum Heck kleiner als 12 m ist und der Überhang-radius von Königszapfen zu den vorderen Ecken des Aufliegers kleiner als 2,04 m ist. Werden diese Bedingungen nicht erfüllt, so ist die zulässige Gesamtlänge des Sattelzuges auf 15,5 m beschränkt.

Im Rahmen von Sonderzulassungen oder Feldversuchen werden in Europa zunehmend auch längere Auflieger erprobt. Damit die erforderliche Wendigkeit des Sattelzuges erhal-ten bleibt, werden überlange Auflieger mit gelenkter hinterer Achse ausgestattet.

Weitere Ausnahmen

Keine Regel ohne Ausnahmen. So auch hier: Zugmaschinen und Arbeitsgeräte der Land- und Forstwirtschaft dürfen eine Breite von 3 m ausnutzen.

Fahrzeuge, die die oben genannten Maße nicht einhalten oder die die weiter unten aufgeführten Gewichtsbeschränkungen überschreiten, können als Schwertransporte mit Sondergenehmigung bewegt werden. Dies ist für größere und schwerere Lasten nötig.

Frontlenker und Hauber vor dem Hintergrund der Längenvorschriften

Durch die strikte Längenbegrenzung europäischer Lastkraftwagen hat sich der sogenannte Frontlenker-Lkw in Europa durchgesetzt. Frontlenker bedeutet, dass das Fahrerhaus über dem Motor sitzt. In anderen Regionen – insbesondere in Nordamerika – ist der Frontlen-ker eher ein Exot. Dort gelten andere Längenbeschränkungen und der Standard-Lkw ist ein sogenannter Hauber, bei dem der Motor vor dem Fahrerhaus sitzt und durch eine Hau-be abgedeckt wird – daher der Name „Hauber". Die Abb. 4.4 zeigt am Beispiel zweier Konzeptfahrzeuge den Unterschied zwischen Frontlenker und Hauber.

Die Haubenfahrzeuge haben einige Vorteile: Der Fahrer kann bequem einsteigen und auch die Zugänglichkeit des Motors ist sehr viel bequemer: einfach die Haube öffnen – wie beim Pkw. Die weniger beengte Einbaulage des Motors vereinfacht nebenbei die Motorkühlung. Auch fällt die aufwändige Fahrerhauslagerung (vorne drehbar und hinten lösbar) sowie der Kippmechanismus des Fahrerhauses weg. Naturgemäß verfügt das Haubenfahrzeug über einen langen Radstand, bei dem der Fahrer zwischen den Achsen sitzt. Mit dieser Anordnung erzielt man einen guten Fahrkomfort mit deutlich geringerem Aufwand als beim Frontlenker, bei dem der Fahrer über der Vorderachse sitzt. Dem gegenüber steht der Frontlenker, der bei festgelegter Gesamtlänge des Fahrzeugs erheblich mehr Laderaum erlaubt. Da dieses Mehr an Laderaum für die Wirtschaftlichkeit des Transports entscheidend sein kann, hat sich in Europa mit seinen Längenbegrenzungen der Frontlenker vollständig durchgesetzt. In den USA ist die Gesamtlänge nicht begrenzt, so dass dort das Haubenfahrzeug im Fernverkehr dominiert.

4.2.2 Gewichte und Achslasten

Nicht nur für die Abmessungen, sondern auch für die zulässigen Gewichte und Achslasten eines Fahrzeuges bestehen gesetzliche Höchstwerte. Sie legt der Gesetzgeber fest, um die Verkehrssicherheit zu erhöhen und um die Abnutzung und Beschädigung der Straßen einzudämmen.

Zulässige Gesamtgewichte
Das zulässige Gesamtgewicht eines Nutzfahrzeuges hängt von der Zahl der Achsen nach untenstehender Tab. 4.2 ab.

Tab. 4.2 Zulässiges Gesamtgewicht eines Motorwagens, eines Anhängers und von Fahrzeugkombinationen nach 96/53/EG

Fahrzeug	Zulässiges Gesamtgewicht
Motorwagen mit 2 Achsen	18 t
Motorwagen mit 3 Achsen	25 t
Motorwagen mit 3 Achsen bei Doppelbereifung und Luftfederung	26 t
Motorwagen mit 4 Achsen (und mehr)	32 t
Anhänger mit mehr als 2 Achsen	24 t
Zweiachsiges Kraftfahrzeug mit zweiachsigem Anhänger	36 t
Zweiachsige Sattelzugmaschine mit zweiachsigem Sattelauflieger	36 t
Zweiachsige Sattelzugmaschine mit zweiachsigem Sattelauflieger bei Doppelbereifung und Luftfederung an der Antriebsachse	38 t
Fahrzeugkombination mit mehr als vier Achsen	40 t

Tab. 4.3 Zulässige Achslasten nach 96/53/EG

Achse	Maximal erlaubte Achslast
Nichtangetriebene Einzelachse	10 t
Angetriebene Einzelachse	11,5 t
Kraftfahrzeug, Doppelachse mit Achsabstand < 1 m	11,5 t
Kraftfahrzeug, Doppelachse mit Achsabstand 1 m bis 1,3 m	16 t
Kraftfahrzeug, Doppelachse mit Achsabstand 1,3 m bis 1,8 m	18 t
Kraftfahrzeug, Doppelachse mit Achsabstand 1,3 m bis 1,8 m bei Doppelbereifung und Luftfederung	19 t
Anhänger, Doppelachse mit Achsabstand < 1 m	11 t
Anhänger, Doppelachse mit Achsabstand 1 m bis 1,3 m	16 t
Anhänger, Doppelachse mit Achsabstand 1,3 m bis 1,8 m	18 t
Anhänger, Doppelachse mit Achsabstand größer 1,8 m	20 t
Dreifachachse mit Achsabstand bis 1,3 m	21 t
Dreifachachse mit Achsabstand 1,3 m bis 1,4 m	24 t

Neben der Festlegung des zulässigen maximalen Fahrzeuggesamtgewichtes (das Fahrzeuggesamtgewicht ist das Gewicht eines Fahrzeuges oder eines Anhängers mit seiner Ladung) und des maximalen Lastzuggesamtgewichtes (das Lastzuggesamtgewicht ist das Gewicht von Fahrzeug UND Anhänger mit der Ladung) sind auch die maximalen Lasten reglementiert, die einzelne Achsen tragen dürfen – Tab. 4.3.

Im realen Betrieb eines Lkws ist gleichzeitig zu beachten, dass sowohl das zulässige Gesamtgewicht als auch die Achslast der einzelnen Achsen eingehalten wird. Insbesondere die Achslasten sind bei Standardsattelzügen recht schnell kritisch, wie im Folgenden erläutert wird.

4.2.2.1 Reale Achslasten beim Sattelzug

Die Achslasten beim Sattelzug lassen sich in erster Näherung einfach berechnen. Die Geometrie des Aufliegers bestimmt, wie sich die Last auf die Achsgruppe des Aufliegers und den Königszapfen verteilt. Die Geometrie der Sattelzugmaschine bestimmt, wie sich die Sattellast auf Vorder- und Hinterachse der Sattelzugmaschine aufteilt. Hier sind insbesondere Radstand und Sattelvormaß[2] bestimmend.

Betrachten wir zunächst, wie sich die Gewichtskraft der Ladung F_G auf Sattelkupplung und Hinterachsgruppe des Aufliegers abstützt (siehe Abb. 4.5).

Aus der Momentengleichheit um den Aufstandspunkt der Achsgruppe des Aufliegers ergibt sich:

$$F_{GS} \cdot l_2 = F_G \cdot h_1$$

$$F_{GS} = F_G \cdot \frac{h_1}{l_2} \tag{4.1}$$

Hierbei ist F_{GS} der Anteil der Gewichtskraft der Ladung, der von der Sattelkupplung getragen wird. h_1 ist der Abstand des Schwerpunktes der Ladung von der Mittellinie der Hinterachsgruppe und l_2 der Abstand zwischen dem Königszapfen (Abstützpunkt der Sattellast) und der Mittellinie der Hinterachsgruppe. Die Gewichtskraft der Ladung an den

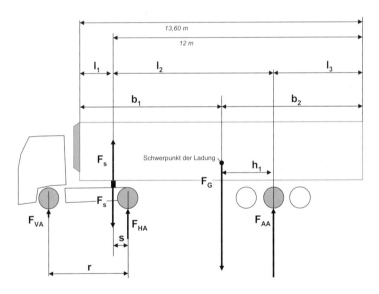

Abb. 4.5 Berechnung der Achslasten beim Satttelzug

---

[2] Das Sattelvormaß ist der Abstand zwischen Aufstandslinie der Hinterachse und der Senkrechten durch den Königszapfen (Linie der Krafteinleitung des Aufliegers) – siehe Abb. 4.5.

Aufliegerachsen ist:

$$F_{GA} = F_G - F_{GS}$$

$$= F_G - F_G \cdot \frac{h_1}{l_2}$$

$$= F_G \cdot \left(1 - \frac{h_1}{l_2}\right) \tag{4.2}$$

Nun ist noch das Eigengewicht des Aufliegers auf Sattellast und Hinterachsgruppe zu verteilen:

$$F_S = F_{\text{SattellastLEER}} + F_G \cdot \frac{h_1}{l_2}$$

$$F_{AA} = F_{\text{AchslastLEER}} + F_G \cdot \left(1 - \frac{h_1}{l_2}\right) \tag{4.3}$$

Die Sattellast stützt sich auf der Sattelzugmaschine ab. Die Verteilung auf Vorderachse und Hinterachse der Sattelzugmaschine ergibt sich aus dem Radstand r und dem Sattelvormaß s der Zugmaschine.

$$F_{\text{SattellastVA}} \cdot r = F_S \cdot s$$

$$F_{\text{SattellastVA}} = F_S \cdot \frac{s}{r} \tag{4.4}$$

Der Anteil, den die Hinterachse übernimmt, ist:

$$F_{\text{SattellastHA}} = F_S - F_{\text{SattellastVA}}$$

$$= F_S - F_S \cdot \frac{s}{r}$$

$$= F_S \cdot \left(1 - \frac{s}{r}\right) \tag{4.5}$$

Inklusive Eigengewicht der Sattelzugmaschine ergibt sich:

$$F_{VA} = F_{\text{VorderachseLEER}} + F_S \cdot \frac{s}{r}$$

$$F_{HA} = F_{\text{HinterachseLEER}} + F_S \cdot \left(1 - \frac{s}{r}\right) \tag{4.6}$$

Tab. 4.4 Achslast bei gleichmäßiger Beladung einer Standardsattelzugmaschine bis zum zulässigen Gesamtgewicht von 40 t

	Vorderachse Zugmaschine	Hinterachse Zugmaschine	Hinterachsgruppe Auflieger
Tatsächliche Last in Tonnen [t]	6,8	10,1	23,1
Gesetzlich zulässige Last in Tonnen [t]		11,5	24

Bei einem gleichmäßig belasteten Sattelzug mit

- 40 t Gesamtgewicht,
- einer Ladeflächenlänge von 13,6 m,
- einem Abstand Königszapfen zu Mitte der Hinterachsgruppe l_2 von 7,6 m,
- dem gesetzlich zulässigen Abstand Hinterkante des Auflieger zu Königszapfen von 12 m,
- einem Eigengewicht des Aufliegers von 6,75 t, das sich im Verhältnis 5,35 t zu 1,4 t auf Hinterachsgruppe und Königszapfen verteilt,
- einer Zugmaschine mit Radstand 3,6 m und
- dem Eigengewicht von 7,3 t, das sich mit 5,225 t auf der Vorderachse und 2,075 t auf der Hinterachse abstützt,
- und einem Sattelvormaß von 0,585 m

erhält man die Achslasten aus Tab. 4.4.

4.2.2.2 Achslastproblematik beim Sattelzug

Aus der Tab. 4.4 ist ersichtlich, dass die tatsächlichen Achslasten bei einem gleichmäßig beladenen Sattelzug nahe an die gesetzlich zulässigen Lasten heranreichen. Verschoben aufgesetzte Ladung kann folglich zu einer Achslastüberschreitung führen.

Bei einem fünfachsigen Sattelzug darf die Zugmaschine insgesamt 18 t Gesamtgewicht auf die Straße bringen (Eigengewicht + Beladung), die Hinterachsgruppe des Aufliegers 24 t. Um das gesetzlich zulässige Gesamtgewicht von 40 t zu realisieren, ohne die Achslasten zu überschreiten, ist eine ziemlich exakte Beladung des Aufliegers erforderlich: Liegt der Schwerpunkt der Ladung zu weit hinten, läuft der Fahrer schnell Gefahr, die Hinterachsgruppe des Aufliegers zu überlasten. Liegt der Schwerpunkt der Ladung hingegen zu weit vorne, so übersteigt die Achslast der Hinterachse der Zugmaschine schnell die erlaubten 11,5 t. Des Weiteren ist die Gesamtlast der Zugmaschine dann auch in der Regel höher als die erlaubten 18 t.

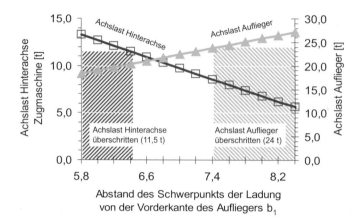

Abb. 4.6 Darstellung der Achslast der Hinterachse der Zugmaschine und der Achsgruppe des Aufliegers in Abhängigkeit von der Position des Schwerpunktes der Ladung. Der Schwerpunkt der Ladung darf in einem etwa 1 m breitem Bereich der 13,6 m langen Ladefläche liegen. Es wird ein bis zum gesetzlichen Limit von 40 t vollbeladener Sattelzug mit den im Text beschriebenen Abmessungen betrachtet

In Abb. 4.6 ist beispielhaft dargestellt für einen Sattelzug mit der oben genannten Geometrie und den oben genannten Gewichten und Achslastverteilungen, wie sich die Achslast der Hinterachse der Zugmaschine und die Achslast des Aufliegers verändert, wenn man den Schwerpunkt der Ladung auf der Ladefläche des Aufliegers verschiebt.

Der Schwerpunkt der Ladung auf dem Auflieger muss in einem relativ schmalen Bereich von circa 1 m Länge liegen, um sicherzustellen, dass die gesetzlichen Achslasten eingehalten werden[3].

Entladeproblematik

Landläufig wird angenommen, dass sich die Achslastproblematik beim Entladen entspannt. Das ist in der Regel auch so. Bei Heckentladung kann aber der Fall auftreten, dass ein Fahrzeug, das bei voller Beladung korrekte Achslasten aufweist, bei Teilentladung eine vorschriftswidrige Last auf der Antriebsachse der Zugmaschine aufweist, obwohl der Gesamtlastzug leichter geworden ist! Die Überschreitung der zulässigen Achslast an der Hinterachse der Sattelzugmachine wird in Abb. 4.7 am Beispiel einer Standardsattelzugmaschine aufgezeigt. Interessant ist, dass selbst das halbentladene Fahrzeug immer noch Überlast an der Antriebsachse zeigt.

Bei Sattelaufliegern mit Kühlaggregat an der Vorderseite des Aufliegers verschärft sich die beschriebene Problematik noch erheblich. Kühlaggregate bringen bis zu 800 kg Mehr-

---

[3] Werden im kombinierten Verkehr mit einem fünfachsigen Sattelzug 44 t transportiert, ist der Bereich, in dem der Schwerpunkt der Ladung liegen darf, noch schmaler. Beim fünfachsigen Satttelzug im kombinierten Verkehr darf die Zugmaschine mit 18 t belastet sein und der Auflieger mit 27 t (Sonderzulassung).

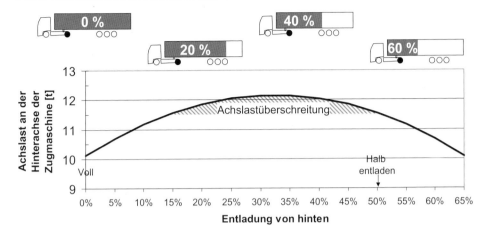

Abb. 4.7 Achslastüberschreitung an der Hinterachse der Zugmaschine bei heckseitigem Entladen einer ausgelasteten Standardsattelzugkombination

gewicht an der Stirnseite des Aufliegers mit sich. Die Achslasterhöhung an der Hinterachse wird dadurch deutlich verstärkt. Beim heckseitigen Teilentladen eines gleichmäßig ausgeladenen Kühlsattelaufliegers kann die Achslast der Antriebsachse bis auf 14 t ansteigen.

Auswege aus der Achslastproblematik

Die Aspekte der Achslastproblematik lassen sich durch verschiedene Maßnahmen lindern:

Die **Reduzierung des Aufliegerradstandes**, das heißt des Abstandes zwischen Königszapfen und Mittenlinie der Hinterachsgruppe reduziert die Gefahr, dass die Hinterachse der Zugmaschine überlastet wird. Allerdings um den Preis anderer Nachteile: Bei leerem Fahrzeug drohen (noch eher) Traktionsprobleme an der Antriebsachse.

Die **Verwendung einer dreiachsigen Zugmaschine** löst das Problem selbstverständlich auch. Damit sind aber zahlreiche andere Nachteile verbunden: Das Fahrzeug wird teurer, der Wendekreis erhöht sich, das zwischen den Rädern der Zugmaschine verfügbare Tankvolumen reduziert sich beträchtlich und die erlaubte Zuladung reduziert sich[4].

Eine **zusätzliche Achse am Auflieger** zwischen dem Dreier-Achsaggregat und dem Königszapfen sieht zwar etwas exotisch aus, wird aber am Markt angeboten.

Das Problem der **Achslastüberschreitung bei Heckentladung** lässt sich vermeiden, indem man seitlich ablädt. Viele Ladestellen sind allerdings für die Heckentladung vorgesehen.

---

[4] In einigen Ländern gilt für sechsachsige Sattelzüge ein zulässiges Gesamtgewicht von 44 t. Damit wird der Nutzlastverlust durch die sechste Achse überkompensiert. Die Achslast pro Achse nimmt ab.

Ein anderer technischer Kniff setzt beim Auflieger an: Beim luftgefederten Auflieger kann man die hinterste Aufliegerachse entlasten, indem man den Luftdruck entsprechend steuert [16]. Dadurch verschiebt sich der Aufstandspunkt des Achsaggregates des Aufliegers nach vorne und die Sattelplatte wird entlastet. Damit sinkt die Belastung der Hinterachse der Zugmaschine. Die Belastung für die beiden anderen Aufliegerachsen steigt an.

4.2.3 Abgasgesetzgebung

Einer der wichtigsten Treiber für Produktveränderungen im Nutzfahrzeugbereich war in den letzten Jahrzehnten die Abgasgesetzgebung. Es wurden in kurzer Folge immer schärfere Grenzwerte für den Abgasausstoß festgelegt. Die beiden wichtigsten Grenzwerte sind der Partikelausstoß (PM, im wesentlichen Ruß) und der Ausstoß an Stickoxiden (NO_x).

Tab. 4.5 zeigt die Entwicklung der Abgasgrenzwerte in den Jahren zwischen 1988 und 2015.

Neben den reinen Messwerten ist die Festlegung des Testzyklus' von entscheidender Bedeutung. Der Testzyklus für Euro 0 bis Euro II war der sogenannte 13-Stufen-Test. Der Motor wird stationär an 13 Punkten im Motorlast/Motordrehzahl-Kennfeld betrieben. Jede dieser 13 Motorlast/Motordrehzahl-Kombinationen ist mit einem Gewichtungsfaktor versehen. Der gewichtete Mittelwert ist der Messwert. Der 13-Punkte-Test für Euro 0 bis Euro II gibt den Schadstoffausstoß im realen Fahrbetrieb unzureichend wieder. Daher wurden mit Euro 3 neue Tests definiert: Der ESC-Test (European Stationary Cycle), der ab Euro III durchgeführt wird, besteht ebenfalls aus 13 Motorlast-Motordrehzahl-Kombinationen mit verschiedenen Gewichtungen. Die 13 Punkte wurden gegenüber dem 13-Punkte-Test für Euro 0 bis Euro II enger an realistische Betriebsprofile angelehnt. Darüber hinaus sieht der ESC-Test vor, dass an drei weiteren zufälligen Last/Drehzahl-Kombinationen des Motors die Stickoxid-Werte gemessen werden. Neben dem ESC wurde mit Euro III der European Transient Cycle (ETC) eingeführt, bei dem Drehzahl und Motorlast kontinuierlich und dynamisch verändert werden. Der ETC ist als Abbildung eines realitätsnahen Fahreinsatzes gedacht. Die Abgastrübung wird im ELR (European Load Response Test) gemessen. Dabei wird bei vier verschiedenen Drehzahlen die Motorlast hochdynamisch zwischen geringer Motorlast (10 %) und Volllast variiert.

Tab. 4.5 Abgasgesetzgebung in Europa. Die Darstellung der Daten folgt im Wesentlichen [13]

	Euro 0	Euro I	Euro II	Euro III		Euro IV		Euro V		Euro VI	
Gültig (Homologation) (Registrierung)	1988/90	1992/93	1995/96	2000/01		10/2005 10/2006		10/2008 10/2009		01/2013 01/2014	
Testzyklen	ECE R-49			ESC	ETC	ESC	ETC	ESC	ETC	WHSC	WHTC
Grenzwert NO_x g/kWh	–	8	7,0	5,0	5,0	3,5	3,5	2,0	2,0	0,4	0,46
Grenzwert PM mg/kWh	–	360[a]	150	100	160	20	30	20	30	10	10
Grenzwert CO g/kWh	11,2	4,9	4,0	2,1	5,45	1,5	4,0	1,5	4,0	1,5	4
Grenzwert HC g/kWh	2,4	1,23	1,1	0,66	–	0,46	–	0,46	–	–	–
Grenzwert NMHC g/kWh	–	–	–	–	0,78	–	0,55	–	0,55	–	0,16
Rauch (ELR) 1/m^3	–	–	–	0,8	–	0,5	–	0,5	–	–	–
Partikelzahl #10^{11}/kWh	–	–	–	–	–	–	–	–	–	8	6
Grenzwert NH_3 ppm	–	–	–	–	–	–	–	–	–	10	10

[a] für Motorleistungen > 85 kW

Die Abgasgesetzgebung geschieht regional. Die schärfsten Grenzwerte der Abgasgesetzgebung werden in Japan, den USA und Europa vorgeschrieben. Andere Länder lehnen
sich im Allgemeinen mit einer gewissen Zeitverzögerung an diese Abgasgesetzgebung
an. Obschon sich die absoluten Grenzwerte in den führenden Märkten recht ähnlich se-
hen und auch nahezu im Gleichschritt zu immer schärferen Abgaswerten entwickeln, sind
die tatsächlichen Anforderungen an die Motoren- und Fahrzeugtechnik doch sehr unterschiedlich. Der Grund hierfür sind die Testzyklen, die in Europa, den USA und Japan sehr
deutlich unterschiedlich sind.

Tab. 4.5 lässt auch erkennen, dass im Laufe der Zeit die Anzahl der Schadstoffe, die
betrachtet werden und mit Grenzwerten eingedämmt werden, steigt.

Weiterentwicklung der Abgasgrenzwerte

Im Pkw-Segment wird neben den Luftschadstoffen zunehmend auch der CO_2-Ausstoß –
und damit der Verbrauch des Fahrzeugs – in den Mittelpunkt der Diskussion gestellt. Auf
Grund der kostengetriebenen Sichtweise des Nfz-Kunden ist der Verbrauch im Lkw schon
immer mit hoher Priorität optimiert worden. Trotzdem ist zu erwarten, dass es in Zukunft
auch gesetzliche CO_2- oder Verbrauchsgrenzwerte geben wird.

Des Weiteren könnten in Zukunft weitere Schadstoffe in die Abgasgrenzwerte auf-
genommen werden. Beispielhaft sei hier Distickstoffmonoxid (Lachgas, N_2O) genannt.
Lachgas ist ein sehr wirksames Treibhausgas. 1 kg Lachgas trägt über einen Zeitraum von
hundert Jahren 298-mal stärker zum Treibhauseffekt bei, als 1 kg CO_2. Man spricht von einem „Global Warming Potential, GWP", von 298. Das GWP von Methan liegt bei 25. Des
Weiteren greift Distickstoffmonoxid, wenn es in höhere Atmosphärenschichten gelangt,
die Ozonschicht der Erde an.

4.2.4 Homologation

Ein Fahrzeug muss, um zulassungsfähig zu sein, den geltenden Gesetzen entsprechen. „Homologation"[5] ist der Prozess, diese Zulassungsfähigkeit zu erlangen.

In Deutschland war über Jahrzehnte die Straßenverkehrszulassungsordnung (StVZO) die Leitlinie für die Zulassung von Fahrzeugen. Diese wurde zunehmend von europäischen Regelungen abgelöst, insbesondere der Richtlinie 70/156/EWG und zahlreichen Detailrichtlinien. Seit 2009 wiederum wird diese durch die neue europäische Richtlinie 2007/46/EG und die entsprechenden Detailrichtlinien abgelöst.

In den Richtlinien sind verschiedene Fahrzeugklassen festgelegt. In die Klasse M werden Kraftfahrzeuge eingruppiert, die der Personenbeförderung dienen. Diese Fahrzeuge werden in die Unterklassen M_1, M_2 und M_3 unterteilt. Die Klasse O mit vier Unterklassen O_1 bis O_4 beschreibt Anhänger. Fahrzeuge zur Güterbeförderung (Lkw) werden in die Klasse N eingeteilt und nach dem zulässigen Gesamtgewicht differenziert nach Tab. 4.6.

Die Vorschriften zur Zulassungsfähigkeit sind von Land zu Land unterschiedlich. Die technische Erfüllung der Vorgaben in den einzelnen Ländern erfordert daher sorgfältige Planung der Fahrzeughersteller.

Für Fahrzeuge der Fahrzeugklasse N muss der Fahrzeughersteller in Deutschland zum Beispiel belegen, dass die Vorschriften der Abb. 4.8 erfüllt sind.

Im Zulassungsprozess werden zunächst einzelne Systeme wie Bremse oder Geschwindigkeitsmesser (Tacho) genehmigt. Liegen die Systemgenehmigungen vor, so kann die Fahrzeug-Typgenehmigung erfolgen.

Dass einzelne Subsysteme den spezifischen Vorschriften genügen, wird durch Bauartgenehmigungen belegt, die in der Regel die Lieferanten der Subsysteme erwirken. Insbesondere die Komponenten des Lichtsystems werden vom Lieferanten mit einer Bauartgenehmigung an den Fahrzeughersteller geliefert. Diese Bauartgenehmigung muss vorliegen, damit das Gesamtfahrzeug eine Typgenehmigung erhält und damit zulassungsfähig ist.

Tab. 4.6 Nutz-Fahrzeugklassen nach Anhang II der Rahmenrichtlinie 2007/46/EG (alt 70/156/EWG)

Klasse	Beschreibung
Klasse N	Kraftfahrzeuge für die Güterbeförderung mit mindestens vier Rädern
Klasse N_1	Kraftfahrzeuge für die Güterbeförderung mit einer zulässigen Gesamtmasse bis zu 3,5 t
Klasse N_2	Kraftfahrzeuge für die Güterbeförderung mit einer zulässigen Gesamtmasse von 3,5 t bis 12 t
Klasse N_3	Kraftfahrzeuge für die Güterbeförderung mit einer zulässigen Gesamtmasse von mehr als 12 t

[5] homolog (griechisch) = übereinstimmen.

01	Geräusch	70/157/EWG	ECE-R 51
03	Kraftstoffbehälter	70/221/EWG	ECE-R 34
03	Unterfahrschutz	70/221/EWG	ECE-R 58
04	Kennzeichen hinten	70/222/EWG	
05	Lenkanlage	70/311/EWG	ECE-R 79
06	Türverriegelung u Scharnier	70/387/EWG	ECE-R 11
07	Schallzeichen	70/388/EWG	ECE-R 28
08	Rückspiegel	2003/97/EG	ECE-R 46
09	Bremse und ESP	71/320/EWG	ECE-R 13
10	Funkentstörung EMV	72/245/EWG	ECE-R 10
11	Emissionen von Dieselmotoren	72/306/EWG	
13	Diebstahlsicherung	74/61/EWG	ECE-R 18, 116, 97
15	Sitzfestigkeit	74/408/EWG	ECE-R 17
17	Geschwindigkeitsmesser / Rückwärtsgang	75/443/EWG	ECE-R 39
18	Schilder	76/114/EWG	
19	Gurtverankerung	76/115/EWG	ECE-R 14
20	Beleuchtung	76/756/EWG	ECE-R 48
27	Abschleppeinrichtung	77/389/EWG	
31	Rückhaltesysteme	77/541/EWG	ECE-R-16
33	Kennzeichnung Betätigungseinrichtung	78/316/EWG	ECE-R 121
36	Heizanlagen	2001/56/EG	ECE-R 12
40	Motorleistung (bis Euro V / EEV)	80/1269/EWG	
41	Emission Dieselmotoren	2005/55/EG	
42	Seitliche Schutzvorrichtung	89/297/EWG	ECE-R 73
43	Spritzschutzsystem	91/226/EWG	
45	Sicherheitsglas	92/22/EWG	ECE-R 43
46	Reifen	92/23/EWG	
47	Geschwindigkeitsbegrenzer	92/24/EWG	ECE-R 89
48	Massen / Abmessungen	97/27/EG	
49	Führerhaus Außenkanten	92/114/EWG	
50	Verbindungseinrichtung	94/20/EG	ECE-R 55, 102/00
56	ADR/ Gefahrgutfahrzeuge	98/91/EG	ECE-R 105
57	Vorderer Unterfahrschutz	2000/40/EG	ECE-R 93
	Schutz der Insassen		ECE-R 29
	Kippstabilität		ECE-R 111
	Erstellung ABE, ETG	2007/46/EWG	

Abb. 4.8 Vorschriften, die der Fahrzeughersteller erfüllen muss, um eine Typgenehmigung für ein Fahrzeug der Klasse N zu erhalten. Die Nummerierung der Vorschriften entspricht der alten Richtlinie zur EG-Betriebserlaubnis 70/156/EWG Anhang IV

Die Typgenehmigung ist in 2007/46/EWG geregelt.

Um die entsprechenden Genehmigungen zu erhalten, wird sowohl auf Komponentenebene als auch auf Gesamtfahrzeugebene in verschiedenen Tests nachgewiesen, dass die Anforderungen, denen Komponenten und Fahrzeug entsprechen müssen, erfüllt sind. Die große Varianz an möglichen Fahrzeugkonfigurationen lässt es allerdings nicht zu, alle diese Konfigurationen im Test zu betrachten. Man definiert daher verschiedene Eckpunkte im Fahrzeugprogramm, die betrachtet werden. Erfüllen diese mit Bedacht gewählten Ecktypen die Regularien, so wird das Ergebnis auf das gesamte Fahrzeugprogramm übertragen. In zunehmenden Maße wird der Nachweis, dass ein Fahrzeug den Regularien entspricht, im Rechner mit Simulationswerkzeugen erstellt. [14] erläutert dies am Beispiel des elektronischen Stabilitätsprogramms für Lastkraftwagen.

4.3 Fahrzeugvarianten

4.3.1 Achsformeln

Die Achsformel beschreibt, wie viele Achsen das Fahrzeug hat und welche Aufgaben die Achsen erfüllen. Die erste Ziffer der Achsformel gibt an, wie viele Räder oder Zwillingsräder das Fahrzeug hat. Die zweite Zahl gibt an, wie viele der Räder angetrieben sind. Nach einem Schrägstrich folgt die Angabe der gelenkten Räder.

Ein Fahrzeug der Radformel

$$8 \times 4/4 \qquad (4.7)$$

verfügt über 8 Räder oder Zwillingsräder, also vier Achsen. Davon sind zwei Achsen angetrieben und zwei Achsen gelenkt.

Buchstabenkombinationen geben zusätzliche Informationen:

- NLA beschreibt eine Nachlaufachse.
- DNA steht für eine doppelt bereifte Nachlaufachse.
- ENA ist eine einzelbereifte Nachlaufachse.
- VLA ist die Vorlaufachse.

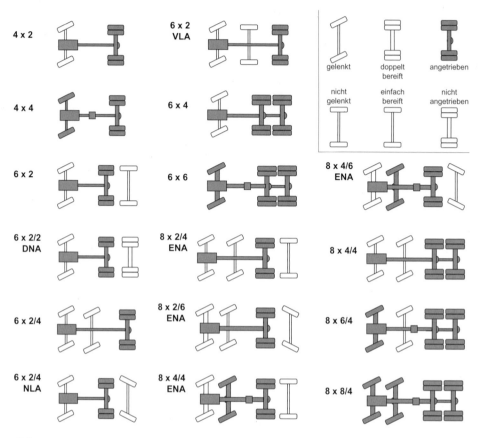

Abb. 4.9 Beispiele für verschiedene Achskonfigurationen

Beispiele für verschiedene Achsformeln zeigt Abb. 4.9. Weitere Achskonfigurationen sind denkbar. Mit einer fünften Achse (die immer beliebter wird) erhöht sich die Vielzahl der Achsformeln weiter.

4.3.2 Geometrie des Fahrzeugs

Bei der Definition des Gesamtfahrzeuges sind die äußeren Abmessungen des Fahrzeuges wichtige Eckpunkte. Aus den gesetzlichen Bestimmungen aus Abschn. 4.2.1 ergeben sich die Randbedingungen, die beachtet werden müssen.

Darüber hinaus gibt es aber zahlreiche weitere Maße, die zu unterschiedlichen Fahrzeugen führen. Dazu gehören der Radstand, das Sattelvormaß, das Reifenformat, die Rahmenspur.

Weitere typische Maße, die insbesondere für Geländefahrzeuge im Fokus stehen, sind zum Beispiel der Überhang (vorne, hinten), die Böschungswinkel, der Rampenwinkel und die Bodenfreiheit. Diese sind in Abb. 4.10 gezeigt.

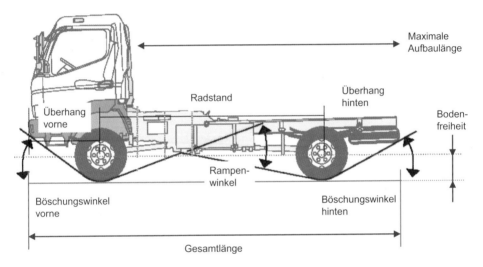

Abb. 4.10 Böschungswinkel und Rampenwinkel, hier gezeigt an einem leichten LKW mit Vierradantrieb. Die Darstellung folgt [17]

4.4   Fahrwiderstand und Längsdynamik

Die Längsdynamik beschäftigt sich mit der Frage, wie schnell ein Fahrzeug fahren kann und wie gut es beschleunigt. Natürlich klingt der Begriff Längsdynamik viel besser als bloß „Geschwindigkeit und Beschleunigung". Deshalb wollen auch wir uns mit der Längsdynamik befassen. Die Längsdynamik ergibt sich aus dem Zusammenspiel aus Fahrwiderstand und der Kraft, die zur Überwindung des Fahrwiderstandes zur Verfügung steht. Der Fahrwiderstand ergibt sich aus Luftwiderstand, Rollwiderstand und der Hangabtriebskraft, wenn das Fahrzeug in einer Bergauf- oder Bergab-Strecke fährt. Darüber hinaus wird in der einschlägigen Literatur manchmal auch die Kraft, die notwendig ist, um dem Fahrzeug die gewünschte Beschleunigung zu geben, zur Fahrwiderstandskraft hinzugerechnet. Von diesem Usus wird hier – weil streng genommen auch falsch[6] – abgewichen.

$$F_{\text{Fahrwiderstand-bei-Konstantfahrt}} = F_{\text{Luft}} + F_{\text{Roll}} + F_{\text{Berg}} \qquad (4.8)$$

Auf ein rollendes Fahrzeug wirkt die Luftwiderstandskraft F_{Luft}:

$$F_{\text{Luft}} = 1/2 \cdot \rho \cdot v^2 \cdot A \cdot c_W \qquad (4.9)$$

Hierbei ist v die Geschwindigkeit, ρ die Dichte der Luft und $A \cdot c_W$ beschreibt die Form des Fahrzeugs. A ist die Stirnfläche des Fahrzeugs, während der sogenannte c_W-Wert die aerodynamische Güte der Form beschreibt.

Des Weiteren wirkt auf einen dahinrollenden Lkw die Rollreibungskraft F_{Roll}.

$$F_{\text{Roll}} = m_{\text{Gesamt}} \cdot g \cdot c_{\text{Roll}} \cdot \cos(\alpha) \qquad (4.10)$$

Hier berücksichtigt der Faktor $\cos(\alpha)$ die reduzierte Normalkraft, wenn sich das Fahrzeug in einer Steigung befindet (siehe Abb. 4.11).

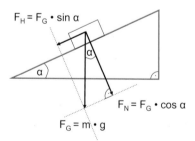

Abb. 4.11 Aus der Gewichtskraft F_G und dem Steigungswinkel α ergibt sich die sogenannte Normalkraft F_N. Das ist die Kraft, mit der das Fahrzeug auf die Straße gedrückt wird. Ebenso ergibt sich die Hangabtriebskraft F_H, die das Fahrzeug hangabwärts drückt

---

[6] Der Fahrwiderstand hemmt/verändert die gleichförmige, gleichmäßige Bewegung des Fahrzeugs.

Fährt das Fahrzeug einen Berg hoch, ist die Hangabtriebskraft F_{Berg} zu überwinden.

$$F_{Berg} = m_{Gesamt} \cdot g \cdot \sin(\alpha) \tag{4.11}$$

Diese Kräfte bremsen das Fahrzeug ab. Um die Geschwindigkeit zu halten, muss der Antrieb des Fahrzeuges eine gleichgroße Antriebskraft aufbringen.

Soll das Fahrzeug die Geschwindigkeit nicht nur konstant halten, sondern sogar beschleunigen, so ist eine beschleunigende Kraft hinzuzurechnen[7]:

$$F_{Beschleunigung} = m_{Gesamt} \cdot a \cdot f_{Rot} \tag{4.12}$$

f_{Rot} ist ein Korrekturfaktor, der berücksichtigt, dass es einer zusätzlichen Kraft bedarf, um das Trägheitsmoment der rotierenden Massen (Räder, Gelenkwelle etc.) zu überwinden. f_{Rot} wird auch als Massenzuschlagsfaktor bezeichnet.

Damit ergibt sich die Gesamtkraft zu:

$$F_{gesamt} = F_{Luft} + F_{Roll} + F_{Berg} + F_{Beschleunigung} \tag{4.13}$$

Die Antriebsleistung, die notwendig ist, um den Fahrwiderstand zu überwinden und das Fahrzeug zu beschleunigen, ergibt sich zu:

$$
\begin{aligned}
P_{Antrieb} &= F_{Fahrwiderstand} \cdot v + F_{Beschleunigung} \cdot v \\
&= F_{Luft} \cdot v + F_{Roll} \cdot v + F_{Berg} \cdot v + F_{Beschleunigung} \cdot v \\
&= 1/2 \cdot \rho \cdot v^3 \cdot A \cdot c_W \\
&\quad + m_{Gesamt} \cdot g \cdot c_{Roll} \cdot \cos(\alpha) \cdot v \\
&\quad + m_{Gesamt} \cdot g \cdot \sin(\alpha) \cdot v \\
&\quad + m_{Gesamt} \cdot a \cdot f_{Rot} \cdot v
\end{aligned}
\tag{4.14}
$$

Die Reduktion des Fahrwiderstandes führt bei gleichen Fahrleistungen zu geringerem Verbrauch. Selbstverständlich kann man bei reduziertem Fahrwiderstand die nun verfügbare Zusatzleistung auch zur Steigerung der Fahrleistungen einsetzen. [18] zeigt diese beiden Optionen im Vergleich auf.

---

[7] Wie gesagt, diese Kraft schlagen wir nicht dem Fahrwiderstand zu. Wir betrachten als Fahrwiderstand nur die Kraft, die eine gleichförmige Bewegung hemmt.

Die Energie, die zur Überwindung des Luftwiderstandes und des Rollwiderstandes auf-gewendet wird, ist direkt als Verlustenergie zu betrachten. Die Energie hingegen, die zur Überwindung des Steigwiderstands (Bergauffahrt) investiert wird, oder zur Beschleuni-gung aufgewendet wird, steckt anschließend im Fahrzeug als potentielle Energie[8] oder kinetische Energie[9]. Diese Energie wird während einer Rollphase aufgezehrt (genutzt) oder durch Bremsung vernichtet.

Eine dem Fahrwiderstand entsprechende entgegengesetzt gerichtete Kraft muss dem Antrieb des Fahrzeuges zur Verfügung stehen. Ist die zur Verfügung stehende Kraft des Antriebs größer als der Fahrwiderstand, so beschleunigt das Fahrzeug. Da der Luftwider-stand mit der Geschwindigkeit ansteigt, steigt auch der Fahrwiderstand mit zunehmender Geschwindigkeit an, und das Fahrzeug wird so lange schneller, bis Fahrwiderstand und Antriebskraft wieder im Gleichgewicht sind. Der Gleichgewichtsfall ist charakterisiert durch die Gleichung (betragsmäßig):

$$F_{Antrieb} = F_{Fahrwiderstand\text{-}bei\text{-}Konstantfahrt}$$
$$= F_{Luftwiderstand} + F_{Rollwiderstand} + F_{Berg} \qquad (4.15)$$

Die Antriebskraft ergibt sich aus dem Drehmoment M am Antriebsrad und dem Radius des Antriebsrads:

$$F_{Antrieb} = \frac{M_{Antriebsachse}}{r_{Reifen}} \qquad (4.16)$$

Das Drehmoment der Antriebsachse ergibt sich wiederum aus dem Drehmoment des Motors und den Übersetzungsverhältnissen des Triebstranges, das heißt der Übersetzung des eingelegten Getriebeganges und der Übersetzung des Achsgetriebes.

$$F_{Antrieb} = M_{Motor} \cdot i_{Getriebegang} \cdot i_{Achsgetriebe} \cdot \frac{1}{r_{Reifen}} \qquad (4.17)$$

Die Antriebsleistung ergibt sich als:

$$P_{Antrieb} = F_{Antrieb} \cdot v \qquad (4.18)$$

---

[8] Potentielle Energie ist Energie, die sich aus der Lage eines Körpers in einem Kraftfeld ergibt. Beispielsweise die Lageenergie eines Körpers in Höhenlage.
[9] Kinetische Energie ist die Bewegungsenergie eines Körpers.

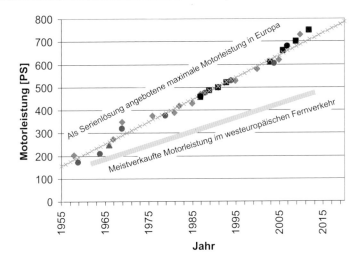

Abb. 4.12 Entwicklung der Motorleistung in Europa. Die maximal verfügbare Motorleistung in Serien-Lkw steigt pro Jahr im Schnitt um ca. 10 PS im Jahr. Die vom Kunden im Fernverkehr am häufigsten bestellte Motorleistung erhöht sich im Schnitt pro Jahr um rund 6 PS

Um ansprechende Fahrleistungen zu erzielen, werden im Jahre 2014 in Standard-Fernverkehrsfahrzeugen Motoren mit etwa 450 PS Leistung verwendet. Stärkere Motorleistungen sind verfügbar. Abb. 4.12 zeigt die Entwicklung der Motorleistungen bei Lkws über die letzten 50 Jahre. Die Motorleistung der häufigsten Motorisierung (Flottenfahrzeuge etc.) steigt im Schnitt jedes Jahr um rund 6 PS an. Die maximale Motorleistung der leistungsstärksten Motoren, die in Serienfahrzeugen angeboten werden, steigt jährlich um rund 10 PS an.

Die unterschiedlichen Symbole in der Abb. 4.12 stehen für unterschiedliche Fahrzeughersteller. Man sieht, dass verschiedene Hersteller um die Krone des leistungsfähigsten Motors wetteifern.

4.5 Querdynamik

Die Querdynamik beschäftigt sich damit, wie ein Fahrzeug um die Kurve geht. Das ist naturgemäß nicht die Stärke eines Lastwagens und der Fahrer tut gut daran, Kurven behutsam anzugehen.

Die Kippgrenze eines beladenen Lkws bei eher niedrigem Schwerpunkt liegt bei einer Querbeschleunigung von rund 0,7 g, das heißt dem 0,7-fachen der Erdbeschleunigung[10].

Bei hohem Schwerpunkt der Ladung sinkt die mögliche Querbeschleunigung. Abb. 4.13 zeigt qualitativ, wie sich die maximal mögliche Querbeschleunigung in Abhängigkeit vom Schwerpunkt verändert.

In Abb. 4.14 sind die geometrischen Verhältnisse dargestellt.

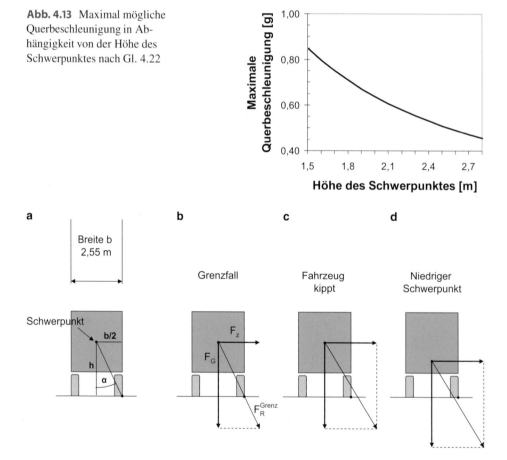

Abb. 4.13 Maximal mögliche Querbeschleunigung in Abhängigkeit von der Höhe des Schwerpunktes nach Gl. 4.22

Abb. 4.14 Einfaches Kräfteparallelogramm, um die Kippgrenze eines Fahrzeuges abzuschätzen

---

[10] Die Erdbeschleunigung wird mit dem Buchstaben g bezeichnet und beträgt circa $g = 9,81 \text{m/s}^2$

Betrachtet man das Fahrzeug als idealisierten starren Körper, so greifen die Kräfte im Schwerpunkt des Fahrzeugs an. Die resultierende Kraft F_R aus Fliehkraft F_z und Gewichtskraft F_G muss innerhalb der Aufstandsfläche des Fahrzeuges liegen. Der äußerste Punkt dieser Aufstandsfläche ist idealisiert der Eckpunkt des Reifens. Der Grenzfall ist erreicht, wenn die resultierende Kraft F_R gerade noch durch diesen Punkt verläuft:

$$F_Z < F_G \cdot \tan\alpha \tag{4.19}$$

Für den Winkel α gilt (siehe Abb. 4.14a):

$$\tan\alpha = \frac{b/2}{h} \tag{4.20}$$

$$= \frac{b}{2 \cdot h} \tag{4.21}$$

Mit $F_Z = m \cdot a_{quer}$ und $F_G = m \cdot g$ gilt näherungsweise als Bedingung für die Kippstabilität:

$$a_{quer} < g \cdot \frac{b}{2 \cdot h} \tag{4.22}$$

Diese Abschätzung der Kippgrenze lässt einige Effekte noch unberücksichtigt: Das Fahrzeug wird hier wie ein starrer Körper behandelt. Verformungen werden nicht berücksichtigt.

Im realen Fall neigt sich das Fahrzeug: Es verformen sich Reifen und Rahmen, und die asymetrisch wirkenden Kräfte lassen das Fahrzeug einseitig in die Federung eintauchen. Auch bewegen sich (in bestimmten Grenzen) Aufbau und Rahmen gegeneinander. Diese Effekte lassen den Schwerpunkt nach außen wandern und reduzieren die mögliche Querbeschleunigung. Besonders drastisch kann bewegliche Ladung die Kippgrenze herabsetzten. Schwappende Flüssigkeiten und hängende Schweinehälften beispielsweise schwappen oder schwingen nach außen und reduzieren die Stabilität des Fahrzeuges erheblich.

Ein weiterer Effekt, der hier unberücksichtigt ist, ist das seitliche Wegrutschen des Fahrzeugs. Dadurch wird zumindest kurzzeitig die Kippgefahr herabgesetzt.

Der Schwimmwinkel beschreibt, wie stark die momentane Bewegungsrichtung des Fahrzeugs von der Fahrzeuglängsachse abweicht. Bei deutlich sichtbaren oder spürbaren Schwimmwinkeln spricht man davon, dass das Fahrzeug driftet.

4.6   Gewicht des Gesamtfahrzeugs

Das Leergewicht eines Fahrzeuges ist bei bestimmten Transportaufgaben für den Spediteur eine wichtige Größe. Da das gesetzlichen Gesamtgewicht des Fahrzeuges und die Achslasten einzuhalten sind (Abschn. 4.2.2), bestimmt das Fahrzeug-Leergewicht beim Transport von schweren Gütern, wie viel Ladung das Fahrzeug aufnehmen kann. Typisches Beispiel sind hier die sogenannten Tank-Silo-Transporteure. Das sind Fuhrunternehmen, die in Tankwagen Flüssigkeiten, wie zum Beispiel Mineralöl, Chemikalien oder Lebensmittel (Milch, Rotwein) transportieren. Das Volumen eines Tankaufliegers liegt häufig bei über 30.000 l. Da das Eigengewicht einer Sattelzugmaschine mit Tankauflieger sich aber leicht auf 14 t summiert, kann der Tank nur mit 26 t beladen werden, obwohl je nach geladener Flüssigkeit noch erheblich mehr Platz im Tank wäre. Gelingt es, das Leergewicht des Fahrzeuges zu senken, steigt die Produktivität des Spediteurs.

4.7   Komfort

Komfort ist ein weites Feld. Vom Bedienkomfort des Fahrzeugs (Wartung, Abfahrkontrolle) bis zum Schlafkomfort. Viele Aspekte des Komforts werden im Wesentlichen von der Kabine bestimmt und werden daher im Umfeld Fahrerhaus diskutiert (siehe [5]). Einige Komfortanforderungen sind allerdings nur durch die Optimierung des Gesamtfahrzeugs zu erzielen.

4.7.1   Fahrkomfort

Für den Fahrkomfort ist die Federung von großer Bedeutung. Die Anregungen der Fahrbahn werden über die Kette Reifen – Achse – Rahmen – Aufbau an die Ladung und über die Kette Reifen – Achse – Rahmen – Fahrerhaus – Sitz an den Fahrer weitergegeben. Dabei werden sowohl Vertikalstöße als auch Horizontalstöße übertragen. Um die Ladung zu schonen und den Fahrer zu entlasten, werden die Stöße von federnden und dämpfenden Komponenten abgeschwächt. Das Primärsystem der Federung ist die Fahrgestellfederung. Diese besteht aus den federnden Reifen und der eigentlichen Federung in der Achsaufhängung. Es kommen Stahl und Luftfedern zum Einsatz. Dieses Primärsystem der Achsenfederung muss einen sehr weiten Gewichtsbereich abdecken, da die Achslast bei unbeladenem Fahrzeug und bei vollbeladenem Lastwagen bis zu einem Faktor 10 variieren kann. Das Sekundärsystem der Federung besteht aus den Federungselementen des Fahrerhauses: Der Fahrerhauslagerung und dem Federverhalten des Sitzes.

Abb. 4.15 Federnde Komponenten, die zum Federungskomfort für den Fahrer beitragen. Um optimalen Federungskomfort zu erreichen, müssen die einzelnen Federungselemente aufeinander abgestimmt sein

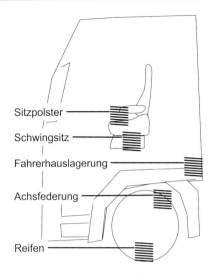

Sitzpolster

Schwingsitz

Fahrerhauslagerung

Achsfederung

Reifen

Das Gesamtsystem „Federung" von der Fahrbahnunebenheit bis zum Fahrer ist in Abb. 4.15 schematisch dargestellt. Um einen optimalen Fahrkomfort zu erzielen, müssen alle Feder- und Dämpferelemente des Systems aufeinander abgestimmt sein.

Verständnisfragen

Die Verständnisfragen dienen dazu, den Wissensstand zu überprüfen. Die Antworten auf die Fragen finden sich in den Abschnitten, auf die sich die jeweilige Frage bezieht. Sollte die Beantwortung der Fragen schwerfallen, so wird die Wiederholung der entsprechenden Abschnitte empfohlen.

A.1 Kosten
(a) Welche Kosten tragen zum Betrieb eines Lastkraftwagens bei?
(b) Durch welche Einflüsse werden diese Kosten verändert?

A.2 Koordinatensystem
(a) Wie legt man in der Regel das Koordinatensystem fest? In welche Richtung zeigen x- und z-Achse?
(b) Was ist Gieren, Wanken und Nicken?

A.3 Radformel
(a) Was beschreibt die Radformel?
(b) Was ist ein $6 \times 4/2$?

A.4 Achslastproblematik
(a) Welche Probleme ergeben sich bei den Achslasten eines auf 40 t ausgeladenen Sattelzuges?
(b) Was kann man dagegen tun?

A.5 Abmessungen
(a) Wie lang dürfen Sattelzüge / Gliederzüge in Deutschland maximal sein?
(b) Warum sind in Europa (nahezu) alle Lastkraftwagen Frontlenker?
(c) Warum gibt es in anderen Ländern Haubenfahrzeuge?

© Springer Fachmedien Wiesbaden 2016
M. Hilgers, *Gesamtfahrzeug*, Nutzfahrzeugtechnik lernen, DOI 10.1007/978-3-658-12745-9

A.6 Lastzüge
Was sind die verbreitetsten Lastzugkonfigurationen?

A.7 Begriffe
Erläutern Sie die Begriffe:
(a) Radstand,
(b) Rampenwinkel,
(c) Längsdynamik.

Abkürzungen und Symbole

Im Folgenden werden die in diesem Heft benutzten Abkürzungen aufgeführt. Die Zuordnung der Buchstaben zu den physikalischen Größen entspricht der in den Ingenieur- und Naturwissenschaften üblichen Verwendung.

Der gleiche Buchstabe kann kontextabhängig unterschiedliche Bedeutungen haben. Beispielsweise ist das kleine c ein vielbeschäftigter Buchstabe. Zum Teil sind Kürzel und Symbole indiziert, um Verwechslungen auszuschließen und die Lesbarkeit von Formeln etc. zu verbessern.

Kleine lateinische Buchstaben

a	Beschleunigung
b	Längenmaß, häufig Breite
c	Beiwert, Proportionalitätskonstante
c_w	Luftwiderstandsbeiwert
f	Beiwert oder Korrekturfaktor
f_{Rot}	Massenzuschlagfaktor bei rotatorischer Bewegung
g	Erdbeschleunigung ($g = 9,81 \text{ m/s}^2$)
g	Gramm, Einheit für die Masse
h	Längenmaß, häufig Höhe
h	Stunde, Einheit der Zeit
i	Übersetzung, Verhältnis von Drehzahlen
k	kilo $= 10^3 =$ das tausendfache
kg	Kilogramm, Einheit für die Masse
km	Kilometer, Einheit für die Länge – $1 \text{ km} = 1000 \text{ m}$
km/h	Kilometer pro Stunde, Einheit für die Geschwindigkeit – $100 \text{ km/h} = 27,78 \text{ m/s}$
kW	Kilowatt, Einheit für die Leistung – $1 \text{ kW} = 1000 \text{ Watt}$
kWh	Kilowattstunde, Einheit für die Energie
l	Länge
l	Liter, Einheit für das Volumen – $1 \text{ l} = 10^{-3} \text{ m}^3$
m	Masse
m	Meter, Einheit der Länge

m	milli $= 10^{-3} =$ ein Tausendstel
p	Druck
r	Längenmaß, häufig Radius
s	Längenmaß (Strecke)
t	Zeit
t	Tonne, Einheit für die Masse $- 1\,\mathrm{t} = 1000\,\mathrm{kg}$
v	Geschwindigkeit
x	Typische Bezeichnung für eine der drei Raumkoordinatenachsen
y	Typische Bezeichnung für eine der drei Raumkoordinatenachsen
z	Typische Bezeichnung für eine der drei Raumkoordinatenachsen

Große lateinische Buchstaben

A	Fläche, insbesondere Stirnfläche
CO	Kohlenmonoxid
CO_2	Kohlendioxid
DNA	Doppelt bereifte Nachlaufachse
DPF	Dieselpartikelfilter. Die Abkürzung ist auch auf englisch gebäuchlich: Diesel particulate filter.
E	Energie
ECE	Economic Commission for Europe (engl.) – Wirtschaftskommission für Europa der Vereinten Nationen
EEV	Enhanced Environmentally Friendly Vehicle (engl.) – Europäischer Abgasstandard für Busse und Lkw (Strenger als EURO V)
ELR	European Load Response Test (engl.) – Testverfahren für die Abgasgesetzgebung
ENA	Einzelbereifte Nachlaufachse
ESC	European Stationary Cylce (engl.) – Testverfahren für die Abgasgesetzgebung
ETC	European Transient Cycle (engl.) – Testverfahren für die Abgasgesetzgebung
F	Kraft
F_G	Gewichtskraft
F_Z	Fliehkraft
FAS	Fahrer-Assistenz-System
GPS	Global Positioning System (engl.) $=$ Globales Positionsbestimmungssystem
GWP	Global Warming Potential
HC	Hydrocarbons (engl.) – Kohlenwasserstoffe
J	Joule, Einheit der Energie
K	Kelvin, Einheit der Temperatur in der Kelvinskala
Kfz	Kraftfahrzeug
Lkw	Lastkraftwagen, das von dem wir hier reden :-)
M	Drehmoment
M	Mega $= 10^6 =$ Million
MJ	Mega Joule, Einheit der Energie – Eine Million Joule

MW	Mega Watt, Einheit der Leistung – Eine Million Watt
N	Newton, Einheit der Kraft – $1\,\mathrm{N} = 1\,\frac{\mathrm{kg\,m}}{\mathrm{s}^2}$
NH_3	Ammoniak
N_2O	Distickstoffmonoxid, Lachgas
NO_x	Stickoxid
Nfz	Nutzfahrzeug, das von dem wir hier reden :-)
NLA	Nachlaufachse
NMHC	Nichtmethankohlenwasserstoffe
OEM	Fahrzeughersteller (engl.: Original Equipment Manufacturer)
P	Leistung
Pkw	Personenkraftwagen
PM	Particulate Matter (engl.) – Partikel, Feinstaub
PS	Pferdestärke, Einheit der Leistung (keine SI-Einheit) – $1\,\mathrm{PS} = 735{,}5\,\mathrm{W}$
StVZO	Straßenverkehrszulassungsordnung
SZM	Sattelzugmaschine
T	Temperatur (in Kelvin oder °C)
TCO	Gesamtkosten die über die Nutzungsdauer des Fahrzeugs oder eines anderen Wirtschaftsgutes anfallen (engl.: Total Cost of Ownership)
TÜV	Technischer Überwachungsverein
U/Min	Umdrehungen pro Minute; Winkelgeschwindigkeit
V	Volumen
V	Volt, Einheit der elektrischen Spannung
VLA	Vorlaufachse
W	Mechanische Arbeit bzw. mechanische Energie
W_{kin}	Kinetische Energie (Bewegungsenergie)
W_{pot}	Potentielle Energie (Lageenergie)
W	Watt, Einheit der Leistung
Wh	Watt Stunde, Einheit für die Energie – vgl. die gebräuchlichere kWh
WHSC	World Harmonized Stationary Cycle (engl.) – Testverfahren für die Abgasgesetzgebung, folgt ESC nach
WHTC	World Harmonized Transient Cycle (engl.) – Testverfahren für die Abgasgesetzgebung, folgt ETC nach

Kleine griechische Buchstaben

α	Winkel
β	Winkel
γ	Winkel
μ	Reibwert, manchmal auch μ_k Kraftschlussbeiwert
μ	steht für Mikro = 10^{-6} = Millionstel
ρ	Dichte
ϕ	Winkel

Literatur

Allgemeine Bücher zur Kfz-Technik

1. Robert Bosch GmbH (Hrsg.): Kraftfahrtechnisches Taschenbuch. 28. Auflage, Springer Vieweg, Wiesbaden (2014)

2. Braess, H., Seiffert, U. (Hrsg.): Handbuch Kraftfahrzeugtechnik. 7. Auflage, Springer Vieweg, Wiesbaden (2013)

3. Hoepke, E., Breuer, S. (Hrsg.): Nutzfahrzeugtechnik. 7. Auflage, Springer Vieweg, Wiesbaden (2013)

4. Hilgers, M.: Nutzfahrzeugtechnik lernen – Kraftstoffverbrauch und Verbrauchsoptimierung. Springer Vieweg, Wiesbaden (2016)

5. Hilgers, M.: Nutzfahrzeugtechnik lernen – Fahrerhaus. Springer Vieweg, Wiesbaden (2016)

6. Hilgers, M.: Nutzfahrzeugtechnik lernen – Einsatzoptimierte Fahrzeuge, Aufbauten und Anhänger. Springer Vieweg, Wiesbaden (2016)

Fachartikel

7. Verband der Automobilindustrie (VDA): Nutzfahrzeuge – Für alle unterwegs. Broschüre (2008)

8. Kaiserliches Patentamt Berlin: Patentschrift No. 37435, Fahrzeug mit Gasmotorenbetrieb, an Benz & Co in Mannheim (1886)

9. Sievers, I.: 110 Jahre Daimler-Lastwagen. Automobiltechnische Zeitschrift (ATZ) **09/2006** (2006)

10. Bundesverband Güterkraftverkehr, Logistik und Entsorgung (BGL) e. V.: Kostenentwicklung im Güterkraftverkehr – Einsatz im Fernbereich – von Januar 2007 bis Januar 2008 (2008)

11. ZF Friedrichshafen et al.: ZF-Zukunftsstudie Fernfahrer, der Mensch im Transport- und Logistikmarkt. http://www.zf-zukunftstudie.de (2012). Zugegriffen: 2012

12. ECE-Regelungen. Internetseiten des Bundesministerium für Verkehr, Bau und Stadtentwicklung. A bis Z → ECE-Regelungen. http://www.bmvbs.de/Verkehr/Strasse/KfZ-technische-Vorschriften-,1446.1032708/ECE-Regelungen.htm

13. Abgasgrenzwerte für Lkw und Busse. Tabelle zum Download auf den Internetseiten der Umweltbundesamtes – Stand Januar 2013. http://www.umweltbundesamt.de

14. Neumann, C., Wüst, K. et al.: Simulation-based homologation of truck ESC systems. 21st Aachen Colloquium Automobile and Engine Technology 2012 (2012)

15. Edlund, S., Fryk, P.-O.: The right truck for the job with global truck application desription. SAE Paper **2004-01-2645** (2004)

16. Soller, G.: Achslastprobleme abgeblasen! Verkehrsrundschau **3/2009**, 54 (2009)

17. Daimler AG, FUSO: Canter. Der Nutzlaster. Produktbroschüre – Stand September 2013. http://www.fuso-trucks.de (2013). Zugegriffen: Mai 2014

18. Porth, D., Krämer, W.: Einsatz des Fahrleistungsgewinnes durch verbesserte Aerodynamik zur Fahrleistungssteigerung oder zur Verbrauchsminimierung. Automobiltechnische Zeitschrift (ATZ) **5/1993** (1993)

Sachverzeichnis